U0349665

如何办个赚钱的貉家庭养殖场

◎ 李光玉　杨艳玲　主编

中国农业科学技术出版社

图书在版编目（CIP）数据

如何办个赚钱的貉家庭养殖场／李光玉，杨艳玲主编.—北京：
中国农业科学技术出版社，2015.4

（如何办个赚钱的特种动物家庭养殖场）

ISBN 978 - 7 - 5116 - 2058 - 3

Ⅰ.①如…　Ⅱ.①李…②杨…　Ⅲ.①貉 - 饲养管理　Ⅳ.①S865.2

中国版本图书馆 CIP 数据核字（2015）第 073045 号

选题策划	闫庆健
责任编辑	闫庆健　马　静
责任校对	马广洋

出 版 者	中国农业科学技术出版社
	北京市中关村南大街 12 号　邮编：100081
电　　话	（010）82106632（编辑室）　（010）82109704（发行部）
	（010）82109709（读者服务部）
传　　真	（010）82106625
网　　址	http://www.castp.cn
经 销 者	各地新华书店
印 刷 者	北京华忠兴业印刷有限公司
开　　本	850mm ×1 168mm　1/32
印　　张	10.75
字　　数	276 千字
版　　次	2015 年 4 月第 1 版　2015 年 4 月第 1 次印刷
定　　价	30.00 元

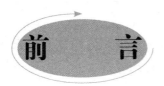

前　言

　　貉是我国特有的毛皮动物之一，在我国其人工饲养量达到1 600万只，主要饲养的品种为乌苏里貉，饲养集中的区域有河北、山东、辽宁、吉林、黑龙江、内蒙古自治区等地，随着我国经济社会的转型发展和人们对物质需求的日益增加，貉皮的装饰及裘皮产品的需求旺盛，促使貉的养殖发展非常迅速。貉养殖经济效益较高，适宜家庭和个体经营，但由于动物的驯化时间短，有一定的野生特性，饲养上技术性相对较强，从貉品种选育、繁殖、饲养、管理、疾病防控等方面的研究都相对滞后，严重地阻碍了貉养殖业健康良性的发展。

　　本书针对当前我国北方家庭养貉的现状与发展趋势，总结了先进的养貉场饲养管理经验以及近年来我国在貉研究领域的科技进展，参考了国内外有关毛皮动物养殖的技术资料及科研成果，结合我国貉饲养方式及生产实际，运用大量基础数据及疾病诊断图片，进行了通俗、科学的描述，内容涉及貉的市场状况、品种特性、养殖场的建设、饲养与管理、动物福利、繁殖、饲料与营养、日粮配制、皮张粗加工及疾病防治等多个领域。

　　本书通俗易懂、实用性强，适合中小型家庭貉饲养场农主、管理人员与技术人员、饲料企业技术管理人员、大中专经济动物专业的学生，以及广大小型毛皮动物养殖户参考使用。

　　本书编写过程中参考引用了不同方面的最新研究报告及论述，在此对原作者表示深切的谢意。因编者水平有限，加之时间仓促，如有不当之处，敬请读者批评指正。

编者

2014 年 10 月

目　录

第一章　貉的养殖现状与市场前景

一、貉人工饲养的历史

　　我国貉的饲养始于新中国成立后的 1956 年，之前野生貉仅作为猎人的狩猎对象，其肉用来食用，皮用来制成帽子或领子等。1949 年后，我国引入了水貂等毛皮动物品种，用于外贸出口创汇，貉皮也是国际需求的皮张，当时科研人员从野外捕捉到貉子，经人工驯化饲养，在人工饲养条件下动物繁殖成功，基本实现了貉从野生到家养的驯化过程。在 20 世纪 70 年代，由于国际裘皮市场需求的增加，外贸出口创汇的需求旺盛，貉皮价格较高，加上积累了规模化的貉生产与管理经验，驱动了貉养殖的迅速发展，到 1988 年全国人工饲养种貉数量已达到 30 多万只，年产貉皮近 100 万张，我国成为世界养貉第一大国。90 年代后，山东、河北、辽宁等沿海地区海杂鱼价格较低，饲料资源优势明显，饲养成本低廉，家庭养貉发展非常快，在部分地区如河北省乐亭、昌黎等地，部分村镇几乎每家每户都饲养貉，成为了地方经济发展的支柱。目前，随着我国毛皮动物干粉饲料配制技术的成熟和加工工艺的提升，以及养貉技术的推广，我国貉的养殖在东北三省发展迅速。

貉的养殖受国际毛皮市场价格及国内毛皮装饰流行趋势的影响，在几十年的发展过程中呈现起伏变化，但在我国总的趋势是饲养总量增加迅速，到 2013 年，我国貉的饲养量达到了 1 600 万只左右。随着我国经济的发展和貉养殖技术水平的成熟和养殖户对技术掌握度的提高，特别是重大疾病防控能力和营养调控技术的提高，使得貉养殖业呈现良性发展和快速增长的态势。

二、貉养殖现状

1. 养殖规模、数量和分布特点

2014 年我国貉的饲养量达 1 600 万只左右，每年的存栏量随着市场行情的变化和产业的发展有一定的起伏变化，但基本形成了相对稳定的养殖规模和市场需求。人工养殖主要分布在河北、山东、辽宁、吉林、黑龙江、天津、内蒙古自治区（全书称内蒙古）、山西等地，其中，河北、山东和辽宁养殖数量占全国的 80% 左右。目前，吉林、黑龙江貉养殖业发展也非常迅速，利用我国东北地区冬季气候寒冷的资源优势，生产优质貉产品具有明显的市场竞争力。

2. 养殖水平及形式

貉养殖属于特种养殖行业，和水貂、狐狸养殖一样，成为我国特种毛皮动物养殖行业的主导动物品种。貉的驯化时间短，野性较强，季节性节律明显，饲养需要积累一定的技术知识和养殖经验，新养殖户需要开展一定的培训和系统的学习。貉的繁殖生产性能指标与常规家畜禽养殖业相比处于较低水平，其繁殖成活率约为 85%，饲养死亡率较高等，这些都成为阻碍貂养殖业健康发展的因素。目前，我国貂的疾病防控有成熟的疫苗产品，产业的发展相对稳定，饲养技术较为成熟。

目前，我国貂养殖主要以家庭中小规模饲养为主，个别大型的养殖企业拥有专业技术人才，具有一定的经验和技术优势；家庭中小规模养殖户一般没有固定的专业技术人员，家庭主要饲养者既当技术员、饲养员，又当饲料购销员、兽医等，专业分工不清楚，技术较为薄弱，营养控制及疾病防控的科学观念较弱，有时难以解决在生产中产生的各种问题，抗风险的能力差，有时加上资金少，在直接面对市场时往往处于被动地位。

3. 养殖的科技支撑

科技支撑是家庭貂养殖场获得效益的关键，从依据市场变化调整养殖动物品种、繁殖技术、重大疾病的预防监控、饲料的配制与加工，到动物的管理，无不影响着家庭养貂的经济效益。我国以中国农业科学院特产研究所为代表的科研单位，经科研人员几十年的科学研究与努力，研制出预防毛皮动物犬瘟热、细小病毒性肠炎、脑炎等疾病的疫苗，有效地控制了威胁貂健康的几类广泛流行的疾病，为貂的稳定生产打下了基础；同时在貂不同生理时期营养需求以及在貂饲料的评价、选择、保存、加工及调制等领域开展了广泛的研究，为貂养殖提供了科学支撑和基础技术。

目前，貂营养调控技术的应用较为薄弱，不同地区貂饲料供应的营养状况差别很大。由于营养调控技术的繁杂性、经常性和复杂性等因素，人们很难把握不同生理时期貉适宜的营养水平与饲料配比，致使在养殖过程中貉的生长缓慢、皮张优质率低，生产性能难以发挥，从而影响了养殖的经济效益。

4. 貉的市场

在我国貉的主要产品是毛皮，其市场价格根据市场需求每年都有一定的变化，同时也受国际市场皮张价格变化的影响。近 30 年的历史上，貉皮价格区间为每张 80 元到 1 200元，最高时超出饲养成本价格的 6 倍，最低时低于饲养成本价格的一半。但随着产业的发展，人工成本及饲料成本的上升，饲养貉的成本也逐渐升高，当市场价格逼近饲养成本时，养殖量就自然缩减，同时拥有一定资金的养殖户也会存留好皮张，等待市场上升后出手，一定程度减缓了市场带来的冲击。近年来，大中型的家庭养殖场越来越多，养殖场养殖的动物品种除貉外，还有水貂或狐狸，一定程度也缓解了某一种动物皮张市场下滑带来的风险。

我国貉养殖直接面对市场，市场貉皮价格的变化影响着养殖者的生产效益、投入、饲养水平变化、新技术应用等多方面因素。由于我国目前没有较为规范的毛皮拍卖行，广大养殖户及场家皮张的出售均通过中间商买卖，利益很难得到应有的保护。根据利益最大化原则，中间商在收购皮张时会进行压价，卖出时又会尽可能获得最大利益，分流了养殖户的生产利润。

随着我国貉养殖产业的发展，大中型规模的养殖户增加，人们抵御风险的能力也在提升。目前，我国裘皮加工及制衣企业的发展很快，也一定程度上为产业的稳定发展提供了下游出路，貉养殖的市场将逐渐稳定。

5. 我国经济形势对我国貉养殖行业发展的影响

我国家庭养貉业的快速发展是在我国经济快速发展的大环境下呈现的，我国经济的快速增长是保证貉养殖业发展的后盾。目前，随着我国经济的发展及人们生活水平的提高，国内对裘皮的需求日益增加，使得支撑裘皮工业发展的貉养殖业迅速发展，同时也具有了相对较高的利润。

貉皮属于高档裘皮，当国家或世界经济形势发生变化的时候，高档裘皮市场首先受到冲击，而中、低档裘皮（如羊皮、兔皮等）市场却可能继续保持活跃。我国经济持续快速的增长为我国乃至世界毛皮动物产业的发展提供了强大动力，保证了毛皮动物养殖业的较高利润，使得许多投资转移到这一高利润行业，促进了产业的快速增长，同时也满足了我国人们生活水平提高带来的物质需求。

三、貉的价值

貉是主要的毛皮动物，与水貂、狐狸一起被称为当前三大黄金毛皮动物之一，其毛皮色泽美观，毛绒丰厚，板质结实，可做男女大衣、夹克、帽子、领子、褥子等不同高档裘皮制品，具有较高的经济价值。貉皮拔针后称貉绒，和貉皮具有同等用途。拔下的针毛，特别是背部和尾部的针毛，可加工制作胡刷、毛笔和粉扑等。

貉除皮毛具有很高的经济价值外，其他副产品也很有特色。貉肉细嫩、营养丰富、风味独特，按李时珍《本草纲目》记载：貉肉甘温、无毒，食之可治五脏虚痨及女子虚惫。貉油可用于动物饲料，也可作为工业用油，用于化妆品、香皂、涂料等工业行业。貉胆有效成分与熊胆近似，进一步研究有可能代替熊胆，进而起到保护熊的作用，貉睾丸入药可治中风，貉粪则是优质的有机肥料。目前，这些有价值的貉的副产品在人们生活中的应用较少，有待于利用和开发。

四、貉的市场及运营

1. 皮张的市场

貉养殖主要产品是皮张，好的皮张可以获得更高的市场回报。目前，我国中小养貉场，皮张市场主要由皮张经销商来收购，处于比较被动的境况。皮张经销商每年在皮张成熟季节，会根据市场裘皮原料的需求情况，筹备一定资金开展皮张的收购，如果市场好，皮张紧俏，皮商会直接收购皮张成熟的活貉，然后自己出钱租借地方，雇请部分人员进行打皮和皮张初加工，然后保存在冷库，根据市场的变化掌握时机把皮张卖给熟皮加工商或者制衣企业；也有皮商直接收购初级加工后的生皮，贮藏在冷库待机出售。

在我国，有相对集中的裘皮交易集散地，养殖户可以把生皮或熟制的皮张拿到毛皮交易集散市场开展现场交易，估价出售。在我国北方主要的毛皮交易集散地有河北省的尚村、留史、大营、辛集，北京大红门、雅宝路市场，辽宁的佟二堡等，在部分养殖特别集中的地区，部分企业或大的收购商组织形成了区域性的交易市场，如河北省昌黎、乐亭等地，在毛皮集中成熟的季节，养殖户也可以把收藏好的皮张到市场上交易。部分养殖户会和大型的毛皮加工厂合作，开展貉皮熟制加工，集中存放，待价格适宜的时机出售。

2. 种兽的市场

种兽的市场也是养貉的经济来源之一。每年秋季是貉种兽出售的高峰季节，因为这个时期仔兽基本达到成年体重，疾病抵抗力较好，部分毛皮性状也可以肉眼观察到，加上调种运输温度也较为适宜，成为投资调种的关键季节。貉的毛色品种较为丰富，在养貉产业中，中国农业科学院特产研究所选育的白貉品种曾经被炒种，每组一公二母达到 12 000 元，比较脱离市场规律。近年来随着我国人们生活水平的提高，貉皮的内需成为了主要的市场，皮张的价格也逐渐趋于稳定，但受国际水貂皮及狐狸皮等价格的影响，也呈现起伏变化，市场也有一定的风险。

3. 皮张价格的判断

皮张价格的走势要看大的方向和国际市场皮张价格变化趋势。当今社会信息传递非常快，信息的共享和解读有利于我们判断是否需要及时出售皮张。中小养殖户需要关注几个毛皮市场国际拍卖行，如哥本哈根毛皮拍卖行、北美毛皮拍卖行、芬兰毛皮拍卖行等，每年在不同季节进行开放的毛皮拍卖，其价格走势具有很好的参考价值，同时在国内有些市场，如河北省尚村毛皮市场、留史毛皮市场等，其市场价格也可以作为参考。皮商一般在收购皮张时会尽可能压低收购价格，从而获得更高的中间利润，这是可以理解的，我们养殖户要打开信息渠道，从多方面获得真实的皮张价格信息，从而可以根据市场真实的价格变化适时出售皮张。

第二章　貉的生活特性

第一节　家庭养貉的品种和分布

貉属于食肉目、犬科、貉属，又名狸或土狗。主要分布在中国、俄罗斯、蒙古、日本、朝鲜及中南半岛北部。貉在我国分布很广，几乎遍及全国各省、区，如内蒙古、黑龙江、吉林、辽宁、河北、陕西、江苏、福建、浙江等地都有分布。

人们习惯上以长江为界，将长江以南的貉称南貉，长江以北的貉称北貉。北貉体型大，毛长色深、底绒丰厚，保暖性好、皮板洁白柔韧、张幅较大，经济价值较高。南貉体型小，毛色较淡，针毛短，绒毛空疏，皮板薄，保温性能差，张幅较小。北貉的毛皮质量明显优于南貉，但南貉毛皮的色泽光润艳丽，肉味鲜美为南方各省人们所喜食，也有一定的经济价值。目前，人工养殖的貉绝大多数为北貉，并以黑龙江省的乌苏里貉为最多。

据 1987 年版《中国动物志》记载，我国貉分为 3 个亚种，即指名亚种、东北亚种和西南亚种。

（1）指名亚种　分布于华东及中南地区，包括江苏、浙江、安徽、湖南、湖北、江西、福建、广东、广西壮族自治区（全书称广西）等省区。体型较小，体长 50 ~ 53 厘米，被

毛较短，通常底色棕黄，黑色针毛毛尖较少，背部无明显黑色纵纹。

（2）东北亚种　分布于黑龙江、吉林、辽宁东北三省及内蒙古和华北地区。国外分布于俄罗斯的西伯利亚、蒙古、朝鲜。本亚种的体型显著大于指名亚种和西南亚种，体长56～90厘米，毛长绒厚，背部黑色纵纹明显，整个背部的黑色毛尖多而明显，基本毛色近青灰，底绒青黄或灰黄。

（3）西南亚种　分布于云南、贵州、四川等省。体型显著小于东北亚种，与指名亚种相近。被毛底色乌灰，棕黄色不明显，针毛毛尖多黑灰色，毛短，底绒空疏。

另据衣川义雄（1941）报道，我国貉有7个亚种：①乌苏里貉：产于大兴安岭、长白山、三江平原、南北平原等地；②朝鲜貉：产于黑龙江、吉林、辽宁的南部地区；③阿穆尔貉：产于中俄边境地带；④江西貉：产于江西及其周边各省；⑤闽越貉：产于江苏、浙江、福建、湖南、四川、陕西、安徽、江西等省；⑥湖北貉：产于湖北、四川等省；⑦云南貉：产于云南及其周边各省。

目前，我国人工饲养、经济价值较高的是东北亚种，也就是以乌苏里貉为主，还有朝鲜貉和阿穆尔貉。乌苏里貉是皮毛动物养殖品种里最容易饲养的品种，近年来国际市场需求旺盛，养殖效益可观。

人工饲养的貉经过多年的繁育后产生了一些新品种，这些品种主要表现在毛色上。中国农业科学院特产研究所发现了白貉，并对它的遗传性状进行了深入的研究，成功地培育出了貉子新品种——吉林白貉。由特产研究所选育的白貉有两种类型：一种是全身毛绒均呈均匀一致的纯白色，针、绒毛从尖部至根部亦为纯白色，眼有棕黄色或淡蓝色，或呈一黄一绿的鸳鸯眼；另一种是鼻尖、眼圈、耳缘、四爪和尾尖呈普通色貉的颜色，而身体的其余地方针绒毛均呈白色、眼多为褐色。两种类型的白貉体型和毛绒品质均与普通貉相似，但其毛色美观明亮，可染成人们所喜爱的任何毛色。所以，经济价值较普通色貉皮更高一些（图2－1）。

图2－1

另外，在数万张以上的貉皮分级中，发现家养乌苏里貉皮的毛色变异十分惊人，可大体归纳如下几种类型。

（1）黑毛尖、灰底绒　其特点为黑色毛尖的针毛覆盖面大，整个背部及两侧呈现灰黑色或黑色，底绒呈现灰色、深灰色、浅灰色或红灰色。其毛皮价值较高，在国际裘皮市场备受欢迎（图2－2）。

（2）红毛尖、白底绒　其特点为针毛多呈现红毛尖，覆盖面大，外表多呈现红褐色，严重者类似草狐皮或浅色赤狐皮，吹开或拨开针毛，可见到白色、黄白色或黄褐色底绒（图2－3）。

（3）白毛尖　其特点白色毛尖十分明显，覆盖分布面很大，与黑毛尖和黄毛尖相混杂，其整体趋向白色，底绒呈现

图 2－2

图 2－3

灰色、浅灰色或白色。

貉的毛色因种类不同而表现不同，同一亚种的毛色其变异范围很大，即使同一饲养场，饲养管理水平相同的条件下，毛色也不相同。

乌苏里貉的色型：颈背部针毛尖，呈黑色，主体部分呈黄白色或略带橘黄色，底绒呈灰色。两耳后侧及背中央掺杂较多的黑色针毛尖，由头顶伸延到尾尖，有的形成明显的黑色纵带。体侧毛色较浅，两颊横生淡色长毛，眼睛周围呈黑色，长毛突出于头的两侧，构成明显的"八字"形黑纹。

黑十字型：从颈背开始，沿脊背呈现一条明显的黑色毛带，一直延伸到尾部，前肢、两肩也呈现明显的黑色毛带，与脊背黑带相交，构成鲜明的黑十字，这种毛皮颇受欢迎（图2-4）。

图2-4

黑八字型：体躯上部覆盖的黑毛尖，呈现"八"字形（图2-5）。

图2-5

黑色型：除下腹部毛呈灰色外，其余全呈黑色，这种色型极少（图2－6）。

图2－6

白色型：全身呈白色毛，或稍有微红色，这种貉是貉的白化型，也有人认为是突变型（图2－7）。

图2－7

貉虽然细分为不同的亚种，但其基本形态特征、饲养管理和疫病防控等方面相似。本文以养殖数量最大的乌苏里貉为例，向读者介绍有关貉养殖的相关内容。

第二节　认识貉的形态特征

一、貉的体型外貌

体形似狐，但较肥胖、短粗，尾短，四肢亦短小。被毛长而蓬松，底绒丰厚。趾行性，以趾着地。前后肢均有发达的足垫。爪短粗，不能伸缩。被毛通常为青灰色或青黄色，吻短尖，面颊横生淡色长毛，由眼周至下颌生有黑褐色被毛，呈明显的"八"字形，并经喉部、前胸连至前肢。沿背脊中央的针毛多具黑色毛尖，程度不同地形成一条界线不清的黑色纵纹，向后延伸至尾背面，越靠近尾末端纵纹越深。背部毛色较深，呈青灰色；近腹部体侧被毛呈灰黄色或棕黄色；腹部毛色最浅，呈灰白或黄白色；四肢毛色较深，呈黑色或黑褐色。

成年健康公貉体重 7.5 ~ 12kg，体长 58 ~ 77cm，体高 28 ~ 38cm；成年健康母貉体重 6.5 ~ 10.5kg，体长 57 ~ 75cm，体高 25 ~ 35cm。

二、成年貉的标准

1. 毛绒品质

针毛黑色、稠密，分布均匀，平齐，无白针毛，毛长 8 ~ 9cm；绒毛青灰色、稠密，平齐而分布均匀，长度 5 ~ 6cm。背腹毛差异小，背毛油亮。

2. 体形

断乳时体重 > 1.8kg，体长 > 40cm；5 月龄时体重 >
6.0kg，体长 > 60cm；成貉（11 ~ 12 月）体重 > 8.0kg，体
长 > 65cm。要求体形大，皮肤松弛，眼大有神，四肢挺健，
身体健壮，无病。

3. 繁殖力

成年公貉交配能力在 10 次以上，使受配母貉受配率高，
胎产仔在 10 只以上；成年母貉要求在 3 月上旬以前发情，胎
产仔成活在 8 只以上；当年幼貉应选同窝仔貉在 5 只以上，
生长发育良好，外生殖器正常，有效乳头在 4 对以上的。公
母比例为 1 ：（2 ~ 3）。

三、貉的采食习性

貉食性杂，野生状态下，以鼠类、鱼类、蚪类、蛙类、
鸟、蛇、虾、蟹以及昆虫类，如甲虫、金龟子、蝗虫、蜜蜂、
蛾、鳞翅目的幼虫等为食，也食作物的籽实、根、茎、叶和
野果、野菜、瓜皮等。尤其喜食山葡萄等浆果类植物，有的
还食狐吃剩的动物尸体，及到村边、路边食人和畜禽的粪便。
家养貉的食性相对来说受到了限制，但是，根据其野生的特
点，其主要食物也是有动物性的鱼、肉、蛋、乳、血及牲畜
内脏，植物性的谷物、糠麸、饼粕和蔬菜等。目前，随着对
养貉技术的提高，饲料配制的合理性，饲养户可以直接选择
配制好的全价饲料来饲喂貉仔。

四、貉的生活习性

貉经常栖居于山野、森林、河川和湖沼附近的荒地草原、灌木丛以及土堤或海岸，有时居住于草堆里。喜穴居，多数利用岩洞、自然洞穴、大木空洞等处，经若干加工后穴居，或利用獾、狐狸、狼等兽类的弃穴为穴，也有个别貉自行挖洞营窝。貉不喜欢潮湿的低洼地，选穴地点需要干燥，并具备繁茂的植被条件，以供隐蔽条件和提供丰富的食料来源。为了饮水方便，貉多选择有水的栖息地，如河、沼、小溪附近。

貉没有固定的洞穴栖息，一年中，根据不同季节特性，选择不同类型的洞穴栖息。选用浅穴产仔哺乳；夏季天气热，则利用岩洞或凉爽的洞穴栖息；在严寒的冬季，便选择有保温性能的深洞居住。在同季节也不固定栖息地，而是根据食料条件、气候变化以及哺育仔幼兽和安全的需要，经常变换栖息场所。

貉的生活习性通常归纳为以下4个显著特点。

（1）集群性 野貉通常成对穴居 一洞1公1母，也有1公多母或1母多公者，邻穴的双亲和仔貉通常在一起玩耍嬉戏，母貉有时也不分彼此相互代乳。在家养条件下，可利用相互代乳这一特性，将产仔日龄相近，因产仔数过多、乳汁分泌不足或因产仔导致母貉意外死亡的母貉产下的仔兽进行代养。产仔后，双亲同仔兽一起穴居到入冬以前，待幼貉寻到新洞穴时，幼貉离开双亲。

（2）昼伏夜出，胆小易惊　野生貉这一特性十分明显，夜行性强，白天在洞中睡眠或到附近隐蔽处休息，傍晚和拂晓前后出来活动和觅食，活动范围很广，常在半径6km的范围内进行活动。家养貉则整天都可以活动，基本上改变了昼伏夜出的特性。家养貉的活动范围较小，多在笼中进行直线往返运动，每昼夜达3～4km。性情迟钝、温驯，在人接近时有多疑和畏怯的表现。

貉听觉不灵，多疑，常在洞口作不规律的走动，使足迹模糊不清，以迷惑敌人，但不如狐狡猾。平时表现性情温顺，反映迟钝，但在捕捉小动物时，则反应灵敏，凶相毕露。貉能巧妙地攀登树木，也会游水捕鱼，在敌害追击时，往往先排尿，随后排粪。在人工养殖情况下，抓貉提尾时也有排尿行为。

（3）定点排粪　貉有定点排粪的习惯，无论野生貉或家养貉，都有这种定点排便的行为，同穴群居的几个个体，排粪时都到同一地点，使该处粪便越积越高，臭味越来越大，因而有"溜粪成山"之说。野生貉多排在洞口附近，地点一般距洞穴2～6m，日久积累成堆。家养貉多排在笼圈舍的某一角落，有极个别的往食盆、水盆或窝箱中便溺。一旦发现有这样的貉，要及时采取措施，否则习惯形成之后，就较难改掉。

产仔母貉将粪尿排泄在产箱内，造成了产箱污染，浸湿箱底垫草，极易造成刚出生仔貉潮湿生病而死亡，这样的母貉不宜作种貉。当仔貉开始吃食后，母貉就不再舔食仔貉粪便，仔貉的粪尿排在小室里，污染了窝箱和貉体，所以，要注意产箱小室的卫生，及时清除仔貉的粪便及被污染的垫草，并添加新垫草。否则窝箱过脏和潮湿，易造成仔貉胃肠道和呼吸道疾病，特别是在阴雨连绵的低温天气条件下，可导致仔貉患感冒而大量死亡。

（4）冬眠和半冬眠　野生条件下，貉在秋季食料丰足、营养丰富的条件下，会在皮下积累大量脂肪，用以躲避冬季的严寒和耐过饲料的奇缺，常深居于巢穴中，新陈代谢的水平降低，以消耗体内脂肪维持其较低水平的生命活动，形成非持续性的昏睡状态，表现为少食、活动减少，所以称为半冬眠或冬眠。冬眠维持期从 11 月中旬至翌年 2 月上旬，如气候偏低，也可延续到 3 月初，如天气转暖，可提前出来觅食。

人工养殖条件下，由于人为的干扰和充足的饲料，冬眠不十分明显，但大多活动减少，食量减少。在东北地区家养貉过冬时，可由其他季节的日喂两次减少到日喂 1 次或 2 ~ 3 日喂 1 次。此时需要着重做好保暖工作，北方季节通常在窝底铺垫草，窝顶盖草帘（图 2 - 8，图 2 - 9）。

图 2 - 8

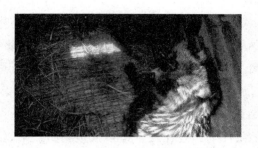

图 2 - 9

五、寿命

貉的寿命为 8 ～ 16 年，可利用年限为 7 ～ 10 年。实践证明 1 ～ 4 岁的公貉身体健壮，性欲旺盛，达成交配可能性大，是公貉的适宜繁殖年龄。2 ～ 4 岁母貉繁殖力最高，因此，种貉群应由上述貉组成，每年再补充 25% 左右的幼貉，最多不得超过 50%。种母貉的可利用年限为 4 ～ 5 年。在生产中，虽然种貉未到寿命或者利用年限，但其繁殖性能和生产性能差，对这些种貉应该适时地淘汰，有时还要结合实际情况和成本核算减少种貉的使用年限。

六、貉的换毛和繁殖特性

1. 貉的换毛特点

成年貉每年换毛 1 次，没有像蓝狐那样的真正冬毛，其脱落顺序分为两个阶段，先是绒毛脱落，再是针毛脱落。从 2 月开始逐渐脱换底绒，4 ～ 5 月有明显的脱绒现象，8 月底开始长出新毛绒；被毛中，针毛的脱落比较特殊，大部分针毛在7月才脱落。11月中旬冬毛生长终止，是貉成熟的最佳时期。

幼貉从4~5周龄以后开始，脱掉浅黑色的胎毛，生出夏毛，其毛绒特性是针毛没有成年貉的针毛硬，绒毛细而密，以后的换毛同成年貉。3~4月龄时长出黄褐色冬毛，11月龄毛被成熟度与成年貉相近。

貉的换毛受光周期控制，日照时间和强度的年周期变化，引起其被毛的季节性更换。所以，通过控制光照时间和强度，能使冬毛提前生长和提前性成熟。另外，据实验证明适时适量使用褪黑激素也可起到相同的作用。埋植褪黑激素的貉生长迅速，采食量也很大，可以使生长期缩短，节约部分饲料费用，减少人工和笼舍的占用，同时可以使毛皮尽早上市，占据市场主动权，对提高饲养效益有较好的作用。使用褪黑激素会影响貉的发情交配，所以，使用褪黑激素的貉不宜留种。

2. 貉的繁殖特点

公貉的繁殖周期：家养貉的性成熟时间一般为9~10月龄，公貉较母貉稍有提前，个体间因营养、气候等因素而略有差异。在1个繁殖周期中，公貉的睾丸大小呈明显季节性变化。睾丸从每年秋分前开始增大，两睾丸的合并宽度由8月中旬的1.82cm±0.20cm增加到秋分的2.08cm±0.20cm，1月下旬则达到2.74cm±0.20cm。此时睾丸开始变得柔软且富有弹性，阴囊被毛稀疏、松弛下垂。睾丸体积在2月中下旬配种时期达到最大，为2.85cm±0.24cm。睾丸体积开始变小的时间是 3 月，5～8 月为最小，仅有 1.82cm±0.20cm。公貉在整个配种期始终保持性欲要求。2 岁以上公貉比 1 岁公貉参加配种和结束配种的时间略早。

母貉的繁殖周期：母貉一年繁殖 1 次。在 1 个繁殖周期中，其卵巢的大小也呈季节性变化。卵巢一般从秋分前后开始发育，至次年 1 月底、2 月初可有发育成熟的卵泡和卵子。2～3 月为发情配种期。发情配种之后，未受孕母貉进入静止期，受孕母貉经 60 天左右的妊娠期和 1.5～2 个月的哺乳期后进入静止期。

发情时间：貉属季节性发情，发情时间主要受年龄的影响。1 岁母貉的发情时间最晚，平均在 2 月 26～27 日以后；2 岁母貉的发情时间平均在 2 月 18～19 日；3 岁母貉的发情时间平均在 2 月 17～18 日；4 岁母貉和 5 岁母貉的发情时间平均在 2 月 20～21 日。由此可见，母貉的发情时间集中在 2 月中下旬。

发情周期：发情周期依外阴部的变化可分为 4 个阶段，即发情前期、发情期、发情后期和静止期。发情前期：从母貉开始有发情表现至接受交配的时期。持续时间个体之间差异较大，大多在 7～12 天。此时阴毛开始分开，阴门逐渐红肿。阴门的开口宽度由初配前 7～8 天的 0.35cm±0.10cm，增加到初配前 1 天的 0.79cm±0.10cm，挤压可见有少量浅黄色阴道分泌物流出（发情前期外阴变化见图 2–10）。放对试情时，对公貉有好感，但拒绝交配。

发情期：母貉开始接受交配到拒配的时期，一般为 1～4 天。此期母貉阴门肿胀程度稍有下降，阴门开口宽度由初配

图2-10　距离配种5~7天　距离配种3~5天　距离配种1天

前1天的0.79cm±0.10cm降到0.73cm±0.10cm，颜色变深，阴道有大量乳黄色分泌物。（图2-11）

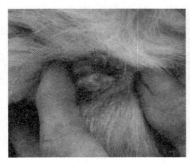

图2-11　阴门肿胀下降，颜色变深　阴道流出乳黄色分泌物

发情后期和静止期：发情后期指母貉拒配到外生殖器恢复到原来状态的时期，一般为5~12天。静止期即非繁殖期，一般为8个月。

3. 貉繁殖期的行为表现

貉的发情表现从群体上看，公貉的发情比母貉早且集中，1月末至2月中下旬绝大多数公貉均具有交配能力。公貉的睾丸膨大、下垂、具有弹性；经常在笼内走动，有时翘起一后肢斜着往笼网上淋尿；经常发出"咕、咕"的求偶声。母貉进入发情前期时，表现出急躁不安，在笼内往返运动加强，食欲减退，尿频；发情盛期，精神极度不安，食欲进一步减退直至废绝，不断发出急促的求偶声；发情后期，行为逐渐恢复正常。

4. 貉的交配行为

在交配时公貉一般主动接近母貉嗅闻母貉的外阴部，发情母貉则将尾翘向一边，静候公貉交配。此时公貉很快举前足，爬跨于母貉背上，后躯频频抖动，将阴茎置于阴道内，后躯紧贴于母貉臀部，抖动加快，紧接着后臀部内陷，两前肢紧抱母貉腰部，静停 0.5～1 分钟，尾根轻轻扇动，即为射精。射精后母貉翻转身体，与公貉腹面相对，昵偎一段时间。此时，公母貉一般相互逗吻、嬉戏，母貉发出哼的叫声。绝大多数的交配可观察到上述行为，但也有个别母貉看不到公貉射精后的亲昵行为。还有个别公母貉交配后出现类似狗交配的长时间连锁现象。

5. 貉的交配特点

交配时间：貉的交配时间较短，交配前求偶的时间约为 3～5 分钟，射精时间 0.5～1 分钟，昵留时间为 5～8 分钟，整个交配时间在 10 分钟以内者居多。

交配能力：貉的交配能力主要取决于性欲强度，其次是两性性行为配合。同 1 对公母貉连续交配的天数，一般是 2～4 天，而且母貉年龄大的交配频度比年龄小的高。公貉一般 1 天内可交配 1～2 次，每次交配的最短间隔时间为 3～4 小时。一只公貉在整个配种期可交配 3～5 只母貉，交配 5～15 次。

性的和谐与抑制：母貉进入发情期，即有求偶欲，一般公母貉间非常和谐，不发生咬斗现象。但有个别公貉，虽然母貉已到发情期，公貉亦正常，但不发生交配行为，放对时互不理睬，有的则相互咬斗。当更换配偶以后，马上又进行交配，这是貉择偶性的表现。公母貉因受惊吓或被配偶咬伤，会出现一定程度的性抑制现象。公貉表现惧怕或攻击母貉，母貉则表现拒绝公貉接近和交配。配种时公母貉之间性不和谐或性抑制容易导致母貉失配。

6. 妊娠

配种结束后，貉进入妊娠期。貉的妊娠期平均为 60 天左右，变动范围为 54～65 天。笼养貉与野生貉之间、初产貉与经产貉之间没有明显差别。母貉妊娠后变的温顺平静，食欲增强。受精 25～30 天后胚胎发育到鸽卵大小，可从腹外摸到；妊娠 40 天后可见母貉腹部下垂，脊背凹陷，腹部毛绒竖立成纵列，行动迟缓；临产前母貉拔掉乳房周围的被毛，蜷缩在产仔箱内不愿外出。

7. 产仔及哺乳

东北地区母貉产仔最早在 4 月上旬，最迟在 6 月中旬，河北、山东地区最早可在 3 月下旬，但主要集中在 4 月中下旬至 5 月上旬。一般笼养繁殖的经产貉最早，初产貉次之。

孕貉大多在安静的夜间或清晨于巢室里产仔。临产前多数减食或废食 1～2 顿，产仔分娩时间持续 2～6 小时，平均产仔 6～8 只（8 只 ±2.13 只），多达 19 只。在产仔过程中，饲养员一定要注意观察母貉的母性。仔貉每隔 10～15 分钟娩出，仔貉娩出后，如果母貉立即将脐带咬断，吃掉胎衣、胎盘，并舔舐仔貉身体，这样的母貉饲养员可以不必过多管理。

如果发现母貉不将脐带咬断，吃掉胎衣，这样的一定要及时人工辅助处理（图2-12、图2-13），饲养员用专用的夹仔貉的夹子将仔貉夹出来，防止仔貉因脐带相互缠绕在一起导致死亡或者窒息呛水死亡。初生仔貉发出间歇的"吱地—吱儿"的叫声。仔貉初生重100~150g。仔貉产出1~2小时毛绒干后，便爬行寻找乳头吮乳，每隔6~8小时吸乳一次。母貉产仔后，母性较强的貉，1~3天不外出采食，安心哺仔。

图2-12　未咬掉脐带的仔貉　　图2-13　剥掉胎衣，挤压出肺脏内
　　　　　　　　　　　　　　　　　　　　的积水

仔貉9~12日龄时睁眼；14~16日龄长出门牙和大齿；16~20日龄时，腹逐渐变成褐色；8~25日龄时开始吃食；50~60日龄时，可断奶分窝独立生活。

第三章　貉家庭养殖场的筹建

第一节　场址的选择

一、哪些地方可以养貉

　　我国貉亚种众多，分布广泛，北起黑龙江，南至云南，都有野生貉的分布，说明貉在全国各地均可养殖成功。但养貉的目的是为了获得优质皮张，因此，一些体型小，毛绒品质差的品种或亚种不适合商业养殖，目前，可供养殖的亚种主要有乌苏里貉、朝鲜貉、阿穆尔貉等，其中，乌苏里貉因其体型大，毛色和毛绒品质优良，繁殖力高，耐粗饲等特点成为养殖业的首选品种，占所有养殖数量的九成左右。乌苏里貉原产于我国东北地区的大小兴安岭、长白山、三江平原等地，经过风土驯化，已经能在全国大部分地区养殖成功。但毛绒的生长与"冷资源"有直接关系，也就是说冬季气温越低，貉的毛绒生长越旺盛，所产皮张品质越好。相反，如果是冬季气温在0℃以上，所产貉皮底绒稀疏，皮板变薄，品质大大下降。鉴于以上分析，我们建议发展养貉业只能在长江以北地区，其中，东北地区气候条件最适合出产高品质貉皮。山东、河北等地因其丰富的渔业资源，最具饲料优势，养殖成本相对较低，也可大力发展。新疆维吾尔自治区（全书称新疆）、山西、陕西等地因地制宜也可发展养貉业。

家庭养貉场场址的选择一般农户首先考虑的可能是建在自家院子中，这样离家近，照顾方便，但考虑不同规模及发展、对环境的污染及对邻居的影响，我们需要综合考虑，因为场址的选择可直接影响到生产效果和生产的进一步发展，所以场址选择应综合考虑多方面的条件，科学合理建场。建场前应根据养貉的生产需要和建场后可能引起的一些问题，进行可行性分析，认真调查论证后，科学规划合理选场。

二、建场需要考虑的社会自然环境条件

确定养殖地区之后，就要考虑具体建场地点了，选择建场地点的时候首先要考虑当地的环境条件。养殖场环境的好坏或者适合不适合可以直接关系到最终养殖的成败。这里所说的环境包括社会环境和自然环境，社会环境主要包括当地政府对貉养殖业的政策和扶持力度，当地居民的风土人情、经济水平等，自然环境主要是当地所处地理位置，气候条件，场址的地形地貌，交通条件，周边有无污染源和传染源等。

对动物生长而言，与社会环境条件没有任何关系，但我们要发展养殖业，要创造最大经济效益，就不得不考虑社会环境条件。首先如果有良好的政策作为支撑，我们发展任何事业都会事半功倍，如果再有资金方面的支持势必会解决大部分养殖户起步阶段的最主要困难，但各地政府对发展貉养殖业的扶持力度各不相同，所以，建场前应与当地政府充分

沟通，了解当地的各项政策，尽量得到政府方面的支持和帮助。其次还应考虑到当地的风土人情，目前，动物保护组织抵制裘皮产业的呼声越来越高，随着这种势力的不断壮大，我国的毛皮动物养殖业势必受到影响，可以预见我国传统的毛皮动物养殖模式必然与日益兴起的动物保护组织发生冲突，因此，我们在选择场址的时候，应该考虑到这一点，尽量避免不必要的冲突。很多宗教组织也都是反对"杀生"的，我们的养殖场应该远离宗教场所和其教徒聚集区。当地的经济条件也是在选址的时候应该考虑的，我国目前的貉养殖业还是传统的劳动密集型产业，机械化程度不高，生产过程中还需要大量人工，一般养貉场的工人都在当地雇佣，工人的工资与当地的经济水平直接相关，而且经济越发达，各种产业用工量越大，因此，建场前应考察一下当地的工人工资和工人数量是否充足。

　　场址周围的自然环境是选址时重点考虑的内容，首先要考虑气候条件，最适合貉生长的气候条件是四季分明，夏季气温较低，雨水较少，四季刮风不多，因为高温、潮湿和大风会对貉生长产生不利影响，一般夏季气温超过30℃，貉中暑的风险大大增加。冬季是貉毛绒成熟的季节，较低的气温能产出更加丰满的毛皮，但冬季的极寒又不利于种兽过冬，最适冬季温度是 - 10 ~ 20℃。然后要考虑场址周边的地理条件，貉场最适合建在地势较高，背风向阳的地方，周围有树林，河流等自然屏障最好，可以有效抵挡各种传染源和污染源的入侵。如果靠近河流，应考虑汛期的安全，不要将貉场建在有洪水威胁的地方。建场时要充分考虑雨季排水的要求，还有多风季节风向的变化，尽量避免大风正面吹进貉的笼舍，必要时做挡风处理。养貉场还要远离居民住宅区，因为貉场会散发大量刺激性气味，会影响周围邻居的生活，如果周围有住户，一定要征得他们的同意，否则极有可能造成不必要的争端，也无法通过环保部门的审批。貉场必须远离其他动物饲养场和有污染的化工厂或其他噪声很大的工厂，这是防疫的要求，应当远离一切可能的传染源和污染源。最后还要考虑交通便利，水电齐全等因素。

三、饲料条件

饲料来源是建场需要考虑的因素之一。饲料来源广泛、价格便宜的地区养貉比较好，如果不能就近解决饲料来源，势必会增加运输成本，甚至会影响正常生产。当然随着我国貉营养研究的进步，商业貉全价饲料也是很好的选择，所以，鲜动物性饲料不丰富的地方也可以养貉，饲养成本可能比较高。建场地点在饲料来源广，主要饲料来源稳定、价格便宜且容易获得及运输方便的地方，可以获得更大的收益。如渔业区、畜牧业区、靠近肉类或鱼类加工厂等地方。内地应建在畜禽屠宰加工厂或大型畜禽饲养场附近，以便利用这些单位的副产品。如规模更大，又不具备靠近动物性饲料来源的条件，可以建一个冷库，用以贮存大量动物性饲料。目前，随着科学技术的进步，貉的干粉饲料基本可以替代价格日益上升的海鱼、肉类等主要貉饲料，成为当今貉养殖业新的支撑。貉干粉或颗粒饲料饲养可以减少生产设备如加工厂、冷库的投入，而且解决了目前我国海鱼资源日益减少对养貉业的威胁问题。

第二节　家庭建场的准备工作

一、市场调查

任何一个项目的启动都必须经过充分的市场调查，养貉也不例外。养殖有风险，投资需谨慎。在决定投资养貉之前，一定要对养貉业的发展现状、历年市场变化有一个详细的调查和客观的分析，并对未来的市场走势进行预判，拟定应对不同市场行情时的发展策略以及遭遇突发事件时的应急方案，做到未雨绸缪，有备无患。市场调查包括多个方面，如市场上貉皮如何分等、不同的等级价格如何、貉皮主要消费市场在哪、貉皮消费市场对貉皮的需求是什么趋势、貉的最低耗料量是多少、养殖成本是多少、貉皮按合理价格计算多长时间可收回成本。信息的来源及可信度要凭投资者自身判断，既不可坐失良机也不可冒然跟风。

二、确定场址

一旦决定投资养貉，就要确定在哪建场，找到最佳的建场地点，前期根据初步制定的引种数量和当年的发展数量建设，并预留出一定的扩建空间。确定场址需要考虑以下几个因素。

● （一） 地形地势 ●

家庭貉场应选在高爽、向阳、背风、地面干燥、易于排水的地方。低洼、沼泽地带，地面泥泞、湿度较大、排水不利的地区、云雾弥漫的地区、风沙严重侵袭的地区均不宜建场。

● （二） 利于防疫 ●

场址不应靠近畜禽饲养场，距居民区至少有500m，以避免同源疾病的相互传染。凡是流行过传染病的地区，应经检查符合卫生防疫的要求后方可建场。环境污染严重的地区不宜建场。

● （三） 水电充足 ●

饲养场的用水量很大，冲洗饲料、刷洗食盆水槽以及动物饮用都需要大量用水。水源必须充足、洁净，不可用臭水或被病原菌、农药污染的不洁水，或含矿物质过多的硬水及含有害矿物质的水，饲养场用水应符合人用水标准。建场时还必须考虑稳定的电力供应，除民用电外，还应考虑动力电，以便安装大型设备及冷库用电。

● （四） 交通便利 ●

场址应选择交通便利的地方，以便运输原料以及买卖毛皮动物。但不可距公路太近，公路上的噪音对毛皮动物有一定影响，特别是在繁殖期，强烈的噪音干扰会严重影响繁殖，因此饲养场应距主干道500m左右。

● （五） 远离人聚居区 ●

家庭养貉场尽量要避免建在人多的村庄内，除非这个村庄家家都进行貉的养殖。因为貉的养殖粪尿气味较大，对人居住环境会造成一定的影响，降低人们的生活质量，即使进行粪污的无害化处理也很难减少气味对人的影响。

三、饲料准备

民以食为天，兽以料为天。建场引种之后生产过程中最大的投入就是饲料，最容易出问题的也是饲料，因此在考察完场址之后不要盲目上马，要先考虑饲料问题，特别是初次接触本行业的人，首先要掌握貉吃什么，当地有没有的问题。貉属于杂食动物，其食物组成与家犬十分相似，主要食物组成分为动物性饲料、谷物饲料、蔬菜和添加剂，传统养殖方式是养殖户将各种饲料准备齐全，自行搭配，自己加工，但随着饲料科学的进步，适合貉生长需要的干粉饲料已经成功应用，这使得饲料来源更加便捷，也减化了养殖场的饲料配制难度，可以说为貉养殖业发展做出了重大贡献。但自配料和干粉料各有优势，自配料如果搭配合理，配方科学，消化吸收率会明显高于干粉料，其缺点是原料来源不稳定，质量不好控制，配制过程工作量大，储存难度高。干粉饲料使用方便，保存简单，但目前生产标准不统一，厂家众多，质量参差不齐，用户选择时不好判断其优劣。鉴于这两种饲料的特点，我们建议有条件的厂家可以自行配料，不能解决所有饲料来源的可以采用干粉饲料，或者干粉饲料与自配饲料搭配的方式。

不管采用何种饲喂方式，考察饲料的来源都十分必要。

如果是自配饲料，谷物饲料比较容易获得，主要考虑动物饲料，比较常用的是鱼类、肉类及其副产品，具体内容在本书后面章节有详细介绍，这里主要介绍来源问题。动物性饲料因其资源较少、不易保存、容易变质等特点，这些原料来源首选大型屠宰场、养殖场和动物制品加工厂，正规大型厂家货源比较充足，质量相对稳定，其他来源有农贸市场、小型养殖场和水库等。不管哪种来源，都必须严格检验质量，发现可疑饲料禁用或者先小范围试用。干粉饲料来源比较简单，现在只要有养殖的地方，几乎都有饲料经销商，如果不清楚可以找厂家咨询。

四、资金准备

新建养殖场的投入主要有基础建设、引种、饲料（含运费）、养殖器械、人工、水电等几方面。基础建设包括必须设施和配套设施，必须设施包括窝箱、笼舍、围栏等，平均到每只貉的费用是 100 ~ 150 元，配套设施主要有办公室、休息室、仓库、上下水、场内道路，等等，这些可以根据发展规划适度分批建设。种貉的价格一般略高于当时皮张价格，特殊毛色或者品质优良的种兽价格相对高一些。饲料费用是养殖过程中主要的投入，按照当下的物价水平，貉从出生到取皮一般需要饲料费用 200 ~ 300 元，根据所用饲料种类，不同来源价格差异较大。养殖器械主要有饲料加工设备、皮张加工设备、喂食车等，如果全部使用干粉饲料，饲料加工设备就会减少很多，如果不进行皮张的初加工，皮张加工设备也不需要。人工开支也是养殖费用的重要部分，以一个种母兽500只的养貉场为例，至少需要3名饲养员，如果是传统的自制饲料，还需要一人专门负责配制饲料，还要一个人负责采购饲料原料和其他后勤保障事务。到了取皮和配种时期，这几个人手还不够用，还需要增加2名临时用工。

养貉回本见效很快，如果在取皮季节引种饲养，养殖基本成功，繁殖力能达到平均水平，假设第二年皮张价格与引种时持平，那么经过一整年便可收回成本，甚至有所盈余。但市场的波动不会以人们的意志为转移，涨落都在情理之中，在建场之初就应做好应对市场滑坡的准备，其中，最有效的就是有足够的资金应付之后一至两年的生产。所以，除了准备当年生产的基本资金，还应准备应付诸如市场滑坡等意外因素的资金。

■ 五、技术准备

貉养殖在我国已有超过半个世纪的历史了，养殖经验已经相当成熟，特别是中国农业科学院特产研究所长期致力于毛皮动物产业各个环节关键技术的研究，一直为我国毛皮动物产业发展保驾护航。任何技术都需要经过学习和实践才能掌握，新建场的养殖者切勿掉以轻心，如果是上千只种兽的场子，应该聘请有经验的技术人员，如果是中小型饲养场，没有专业技术人员就需要场主自己掌握各项技术知识，学习方法可以通过专业的教材，还可以到有经验的养殖场实践学习，也可以去专业科研机构深造学习。养貉是一项实用技术，不可能在短期内完全掌握其精髓，养殖者可以在掌握其关键技术之后，边实践边探索，遇到问题找专业人士请教。

六、种兽引进前的准备工作

引种之前一定要保证场地围栏、养殖棚舍、窝箱、笼子安装到位，并确保笼舍牢固，围栏没有破损，场地彻底消毒，饲料准备到位，有必要的饲养员和技术人员。如果场地内已经有貉，还应准备必要的隔离区域。场内应该常备一些治疗呼吸道疾病和消化道疾病的药物，常用的有头孢、庆大霉素、氟哌酸、复合维生素 B 等。

种兽引进前需要做好考察与引进准备工作，首先要考察场家的养殖情况，包括养殖历史、规模、效益等情况，尽量选择那些规模较大、养殖时间较长的场家，因为这样的场家一般经验比较丰富，管理比较到位，而且在规模大的场选择的余地也比较大。其次要重点考察该场的养殖现状，仔细观察种兽的生长发育情况，观察其是否健壮，体型和品种特征是否符合种用标准，采食和排便情况是否正常，询问疫苗注射情况，要求在引种之前注射完全部常用疫苗。引种当时，需要有经验的人员对种兽进行检查和筛选，排除患病动物和有繁殖障碍动物。最后是考虑运输路线、运输时间、准备运输设备。引种时应尽量减少运输距离，并避免在高温烈日下运输，尽量选择在早晚比较凉爽时运输，如果不能避免在高温烈日下运输，应该准备好遮阳设备，并保证运输笼通风。运输笼应该是专用的，可以临时组装，尽量缩小体积，两笼之间要留有一定空隙，或用隔板隔开，防止种兽互相咬伤。长途运输应该在中途给貉补水，直接饮水不方便的可以投喂多汁水果，如西瓜、苹果等。如果是异地运输，必须到动物所在地动物检疫部门开具检疫证明。

第三节 貉场布局

一、貉场布局要求

貉场建设总体布局要考虑地势、采光、排水、风向、交通、用水用电、人畜分离等方面，各建筑区域及设备设施要求分区合理、低耗节能、环保健康、有利防疫、方便操作等，貉场的布局应遵循下列几个基本原则。

(1) 首先应从人、貉保健的角度出发 以建立最佳生产联系和卫生防疫条件，防止相互交叉传染和废弃物的污染。

(2) 在满足生产要求的前提下，做到节约用地，尽量少占或不占耕地 建筑物之间的距离在考虑防疫、通风、光照、排水、防火要求前提下，尽量布置紧凑、整齐。

(3) 因地制宜地解决生产中遇到的实际问题 如冬季的防风和采光，夏季的通风、遮阳、排水等。还要尽可能利用原有道路、供水、通讯、供电线路和建筑物等，以减少投资。

(4) 应考虑今后的发展，为今后的发展留有余地

二、场区规划布局

貉场主要可以划分为生产区、生产管理区、隔离区和生

活区。出于防疫和人身健康的考虑，根据当地常见风向，从上风向至下风向，依次排列生活区、生产管理区、生产区和隔离区。其中，生产区就是动物养殖的场所，生产管理区主要有饲料加工室、储存室、综合技术室和皮张加工室等，这两个区域是整个养殖场的核心区域。

生产区设在管理区下风向和地势低处，但要高于病貉管理区，并在其上风向。这可使生产区和病貉管理区产生的不良气味、噪声、粪尿和污水不因风向和地面径流污染居民区，减少出现传染病迅速蔓延。各区的建筑物之间的位置在联系方便、节约用地的基础上，应该保持一定的距离，并防止管理区的生活污水和地面径流流入生产区，道路主干要直达管理区，尽量避免经过生产区。总之，场内各功能区合理布置建筑，可以改善环境和卫生防疫，有利于生产和降低基本建设投资。根据建场的任务和要求，确定饲养管理方式和机械化水平，并结合当地的实际制定最佳方案。

第四节　貉舍建设设计要求

一、笼的离地高度

养殖貉的笼舍不能直接放置在地面上，必须将其架空，与地面保持一定的高度，这样既可使貉排泄的粪便及时落下，避免污染毛皮，又可以使貉不受地面潮气和粪便产生有害气体的侵袭。一般离地高度为 0.8 ~ 1m，过低不利于动物健康，过高增加建设难度。

二、消毒池的设置

为了减少外界传染源进入貉场，也减少病菌在场内的传播，在饲养场大门口、养殖笼舍门口和饲料室门口都应该设置消毒池。消毒池应与各门口路面同宽，长度2m以上，大门口经常有货车出入，消毒池长度应该不小于3m。消毒池内使用2%火碱溶液，疫情多发季节，每半个月更换一次火碱液，平时一个月更换一次，下雨后如果消毒池内消毒液被雨水稀释或冲走应立即更换。

三、病貉的隔离区域

隔离区域应设置在原有动物的下风口，中间拉起2m高的挡风幕布，地面均匀铺洒生石灰，新引进的貉在隔离区内观察10天以上，没有异常表现方可与原有动物合群饲养，患病貉隔离期间治愈后也要继续隔离1周以上。

四、围墙

一般养殖场要设有两层围墙，外层围墙围住整个场区，主要起到防盗和美观作用，材料采用砖混、铁栅栏或钢丝网均可。内层围栏围住养殖笼舍，主要作用是防止貉外逃或野生动物与老鼠穿梭传播疾病，材料多采用彩钢板，不建议使用丝网材料，以防止貉攀爬外逃，高度一般在1m左右即可，底边与地面紧密接触，以防貉扒土逃出。

第五节　貉场设备

一、棚舍

　　棚舍是为了遮挡雨雪和防止夏季烈日暴晒。其样式主要有一面坡式（图3－1）和起脊式（人字形）（图3－2），建设材料多采用角钢、钢筋、木材、砖石、石棉瓦等。家庭养貉可以利用简易的材料制作，尽量减少成本，用角钢、钢筋、木材、砖石等做成支架，上面加盖石棉瓦、油毡纸或其他遮蔽物进行覆盖。规模性棚舍建设一般棚檐高1.5~2m，宽4~5m，长短与饲养量和场院大小成正比，棚间距以3~4m为宜，这样有利充分采光。人字型棚舍可以放置两排笼舍，两排笼舍之间过道的宽度一般应大于1.4m，以满足两辆喂食车并排通过，这样有利于日后的饲养管理。家庭养殖一般可以采用简易棚舍，用砖石筑起离地面50~80cm的地基，在上面安放笼舍，在笼舍上面安放好石棉瓦等，这种棚舍建造比较简单，投入也较少，缺点是遮挡风雨和防晒效果不好，在炎热的夏季必须在石棉瓦上加盖棉被、草帘等防止太阳将石棉瓦晒得过热而使笼内温度过高，也可以加盖双层石棉瓦，并让两层石棉瓦中间有一定缝隙。

二、笼箱

　　貉笼箱分为笼舍（图3－3）和窝箱（图3－4）两部分，笼舍是动物运动、采食、排泄的场所，窝箱供动物休息和产

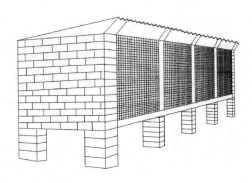

图 3-1 砖制一面坡型棚舍（狐、貉用，不带窝箱）

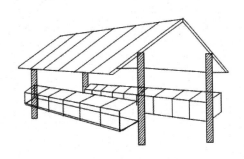

图 3-2 人字形棚舍（狐、貉用）

仔之用。为了降低饲养成本，皮用貉和种公貉都不加窝箱，但实践证明常年使用窝箱对貉的生长十分有利，这样可以让貉有安静的休息场所，也可以在出现应急的情况下，让貉有"避难所"。如果不能为所有动物配置窝箱，至少应该保证过冬的种兽都有窝箱。笼舍的规格样式较多，原则上以能使动物正常活动，不影响生长发育、繁殖，不使动物逃脱，又节省空间为好，但笼舍要尽量大一些，既有利于提高动物生产性能，又能满足动物福利的要求（表 3-1）。

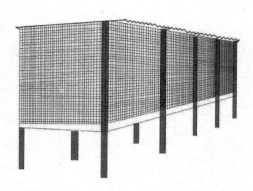

图 3－3　简易棚舍（不带窝箱）

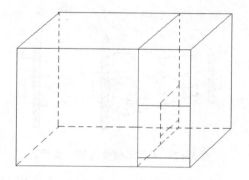

图 3－4　带走廊的窝箱示意图

表 3－1　貉笼舍和窝箱的参考尺寸　　（单位：cm）

动物分类		貉
笼舍	长	100
	宽	70
	高	70
窝箱	长	60
	宽	50
	高	45

笼舍一般用角钢或钢筋做成骨架，然后用铁丝固定铁丝网片而成。简易的笼舍可仅用铁丝网编好。现在多采用镀锌电焊网制成，貉笼舍的网眼不超过3cm×5cm即可。窝箱可用木材、竹、砖等材料制成，保证窝箱坚固、严实、保暖、开启方便、容易清扫即可。窝箱上盖可自由开启，顶盖前高后低具有一定坡度，可避免饲养在无棚条件下，积聚雨水而漏入窝箱内。种兽窝箱在出入口处必须备有插门，以备产仔检查、隔离母兽或捕捉时用。窝箱出入口下方要设高出小室底5cm的挡板，防止仔兽爬出。在貉种兽窝箱内还应设有走廊（图3-4），里面是产室，以利于产室保温并方便垫草。

三、供水系统

充足且清洁的饮水是动物健康生长的必需条件。貉场建设时要充分考虑水源的设置和供水系统的建设，养殖场用水量较大，一般需要自建水井，井水达到人饮用水标准。井水使用水泵抽取，可以直接使用，或储存到蓄水罐或蓄水池使用，如果使用蓄水罐或蓄水池必须定期清理消毒。在需要用水的各个区域，安装好供水管道，除了室内用水外，在动物养殖区也需要安装供水管道，有条件的要建设自动供水系统，在每个貉笼内安装自动水嘴，可以满足貉随时饮水，但这套系统在气温低至零下时便不再适用。

四、降温设备

夏季高温对貉的生长十分不利，实验证明，当环境温度接近动物体温时，动物会出现食欲废绝、生长停滞，超过一定时间即可出现中暑症状，如不采取救治措施很快就会死亡，因此在貉场增加防暑降温设备十分必要。

首先遮挡太阳光是最为有效的降温方法，常用设备有遮阳棚舍、遮阳网布、遮阳帘、树木等。在建设棚舍的时候就要考虑到遮阳降温的功能，顶瓦要选择耐热隔热材料，常用石棉瓦，而那些透光、导热快的塑料瓦和彩钢瓦不易采用。遮阳网布和遮阳帘是临时设备，在需要增加遮阳作用的时候临时安装，具有方便灵活、容易搬运等特点，安装时应注意设备的牢固性。在养殖棚舍中间植树既可以起到遮阳降温的作用，又可以美化环境、净化空气，同时树木成材后又是一笔可观的收入，可谓一举多得。

在遮阳的同时还应该考虑场内的通风，因为增加了遮阳设备很容易造成棚舍内空气流通不畅，这样一方面不利于更好的降温，另外还使场内空气质量下降，增加疾病传播的风险。如果不能保证遮阳和通风的作用同时实现，建议增加风扇等设备，定时开启，保证养殖场区空气流动。

如果遮阳还不能满足降温的需要，可以采取洒水降温的方式，如果是偶尔使用，可以采取人工洒水的方式，如果是经常使用，建议安装固定的喷淋设备。

五、消毒设备设施

养貉场的消毒主要包括场地和环境消毒、器械和用具消毒、人员消毒等。场地和环境消毒用到的设备主要有喷雾器，可以根据场地的大小，选择合适的喷雾器。养殖器具主要有食盒、运输饲料的小车、加工饲料用的机械，这些器械消毒时先用清水冲洗干净，再用高锰酸钾溶液或者其他消毒液浸泡即可，消毒完成后要彻底清洗掉消毒液，以免消毒液引起饲料中毒，选择消毒液的时候要考虑器械的材质不能与消毒液发生化学反应，比如，金属器具不能用火碱溶液消毒。貉场还应准备高压锅、紫外灯等常用消毒设备。

六、饲料加工室

饲料加工室是对貉日常所需饲料进行加工调制的场所，是每个养貉场都必须配备的。根据使用原料不同，饲料加工室需要配置的设备也有所不同。如果全部使用干粉饲料，则所需设备相对简单，只需搅拌设备即可，搅拌设备多采用桨叶式搅拌罐，规格大小根据养殖规模确定。如果使用鲜饲料自配技术，则需要更多的加工设备，至少需要绞肉机、食物蒸煮设备、清洗设备，搅拌设备也是必不可少的。除此之外，不管使用哪种饲料，饲料加工室还必须配备称量设备，我们还建议饲料加工室要安装紫外灯，消毒杀菌使用。

饲料加工室的日常管理也很重要，应该建立严格的管理制度。首先必须加强卫生管理，除了保证加工环节不受污染以外，还应建立原料和成品的品质检验制度，确保饲料质量安全。还要明确饲料加工室不是原料的储存场所，应明确原料在饲料加工室的最长存放时间，防止原料在使用前变质。

饲料安全直接影响养殖的成败，因此必须足够重视并建立严格的保障制度，确保饲料在储存、加工和使用环节都不出问题，其中，加工环节尤为重要，既要保证加工过程不出差错，还要在加工过程发现饲料存在的潜在风险，比如，严格剔除变质原料和异物等。

七、饲料储存室

饲料储存室是储存饲料原料的场所，根据饲料性状，可分为常温储存室和冷冻储存室。一般干粉饲料常温储存即可，但要求储存室尽量建在阴凉处，还要满足干燥通风的条件。冷冻储存室也就是常说的冷库，主要是保存新鲜动物性饲料和其他容易腐败变质的原料，小型养殖场如果不具备建设冷库的能力，可以使用大型冰柜代替。

八、综合技术室

综合技术室应承担药品储存、配制、检化验、治疗等多种功能，常用器械和设备有高压灭菌锅、手术台及器械、药品储存柜、显微镜、水浴锅，还有常用药品和注射器等。

九、毛皮加工室

毛皮加工室是取皮和对皮张初加工的场所，取皮对场地和设备要求比较简单，新场没有专用场所时在室外也可以完成。皮张的初加工主要有刮油、上楦板、干燥等，刮油可以手工操作也可以使用专用机械，干燥可以采用鼓风加温干燥，也可以常温自然干燥。因此，各场家可以根据实际情况选择必要的设备。

目前，整个行业专业分工越来越具体，现在的发展趋势是皮张初加工的工作已经不需要在养殖场进行，可以送到专业的厂家进行加工。

十、其他建筑和用具

随着人们环保意识的不断提高，社会对环境保护的要求也逐渐加强，养殖业中的污染控制正逐步被人们重视。养殖业的污染主要来自动物生长产生的粪便、污水和废弃物，这些物质如不经过处理直接排放到环境中，势必对环境产生严重的危害，因此养殖场的粪污处理已势在必行，有远见的养殖场应该在建厂之初考虑到如何处理养殖产生的污染物，目前，可以尝试建设粪便自动收集系统和粪便发酵处理系统，此举对短期的经济效益可能没有益处，但对于提高养殖水平，降低劳动强度，实现养殖业长期可持续发展意义重大，更是对环境保护做出贡献，在实现经济效益的同时兼顾社会效益，同时也是为应对将来国家强制实行养殖业粪污处理做好准备。

第六节　貉的引种

一、引种时间

貉引种的最佳时间在 10～12 月。因为这个时期貉的冬毛期毛皮质量逐渐显现，毛皮发育成熟，在选种时首要考虑的毛皮质量和大小也可以直观地判断。对仔貉来说也基本发育为成熟个体，从体重、体尺等方面基本具有成年个体特色，而且这个时期貉疾病较少，身体的防疫机制基本发育成熟，对引种中运输等外来刺激接受力较强，不易导致过大应激。

二、选择良种

种貉（乌苏里貉）质量标准为公貉在二级以上，母貉在三级以上，但三级母貉比例不超过总数的30%，10月初体重不低于7kg，体长不低于60cm；体质健康，注射过犬瘟热、病毒性肠炎疫苗，并获得确实免疫；公母貉比为1：4；备有种貉调出合格证。

三、运输

捕捉和运输对貉来说是一种应激，运输期间死亡原因主要是连续受到了强烈的惊恐刺激。因此，减少惊恐刺激是提高运输时期成活率的有效措施。运输前要准备好运输所用的笼箱，不能用麻袋运输，貉会咬破麻袋逃跑。运输笼可用木板、铁丝网、竹子笼；运笼大小要适宜，以方便搬放，坚固耐用，同时便于在笼外观察和给水、给食，另外还要保证空气流通。其规格为50cm×25cm×30cm的笼，可装1只貉。笼子一面要留有活门，以便装貉用。运输前还要准备途中所用的饲料，饲喂、饮水工具，捕貉、修笼用具等。运输途中一定要用黑布或麻袋把运笼的光线遮暗些，保持肃静，避免强烈噪音刺激。途中谢绝参观，避免停留在闹市或人多的地方，以防貉受惊恐。途中要提供适量的饲料和充足的饮水，注意饮水时不要沾湿貉的毛绒，以防感冒。途中一定要有专人管理和看护，注意观察，发现异常要立即采取措施。

第七节　养貉生产成本分析

养貉受自然条件的限制，产品生产周期长，每年一次妊娠产仔，且季节性明显，从成本投入到产品产出期间，所有回收费用都表现为最终的毛皮产品等特点。貉养殖的目的是为了获得优质的貉皮和高产优质的仔兽，降低饲养成本，提高经济效益。

一、养貉生产成本分析的重要性

1. 成本是补偿生产耗费的尺度

养殖者为了保证再生产的不断进行，必须对生产耗费，即资金耗费进行补偿。养殖者是自负盈亏的商品生产者和经营者，其生产耗费须用自身的生产成果，即销售收入来补偿，维持养殖者再生产按原有规模进行，而成本就是衡量这一补偿份额大小的尺度。

2. 成本是计算养殖者盈亏的依据

养殖者只有当收入超出支出时，才有盈利。成本也是划分生产经营耗费和养殖者纯收入的依据。因为成本规定了产品出售价格的最低经济界限，在一定的销售收入中，成本所占比例越低，养殖者的纯收入就越多。

3. 成本是综合反映养殖者工作业绩的重要指标

养殖者经营管理中各方面工作的业绩，都可以直接或间接地在成本上反映出来，如饲养管理好坏、毛皮质量高低、繁殖能力高低、成活率高低以及各生产环节的工作衔接协调状况，等等。所以，可以通过对成本的预测、决策、计划、控制、核算、分析和考核等来促使养殖者加强经济核算，努力改善管理，不断降低成本，提高经济效益。

二、养貉生产成本分析的内容

貉的养殖需要审时度势，不仅需要关注国际国内貉皮的市场价格和总体的养殖规模和走势，未来毛色流行的趋势，还要密切关注国内饲料价格的变化趋势，劳动力成本的变化情况，兽药及管理运输等成本的变动，只有这样，才能及时地调整养殖的规模及毛色品种，适应变化的市场形势，使养貉的成本降到最低。

1. 养貉成本

养貉成本包括先期基础投资成本、饲料成本、人工工资成本、消毒防疫及动物治疗的兽药成本、加工设备费、场地费和维修费用以及水电费、技术培训及咨询成本，等等。其中早期基础设施投资成本投入较大，如土地、房舍、畜棚、笼箱、排水、电力等先期基础投资成本，属于一次性投入，后期部分棚舍、笼舍也需要维修维护，但成本不会增加很多；饲料成本占貉养殖成本的70%，对养貉的经济效益影响很大，这部分成本随着我国粮食及畜禽副产品的成本增加，将逐渐增加；人工成本对不需雇佣人员的小型貉养殖户影响不是很大，但养貉作为主要经济来源的养殖户，人力全部投入到养貉生产中，也需要考虑人工成本的影响，因为如果其他可替换性工作成本增加，养殖户就有可能放弃养貉而从事收入更高的工作，随着社会的发展和产业的转移，人工成本将逐渐增加，目前，对中小型家庭养貉场，人工成本占总成本的20%左右；其他成本还包括消毒防疫及动物治疗的兽药成本，这部分成本比例较小，而且相对稳定，占貉养殖成本的3%左右，动物及其粪污处理、运输成本、用水、用电等成本都是不可少的，是相对固定的成本。

2. 制订一个养貉的成本预算

成本预算是养殖户针对整个养貉过程涉及的各个成本构成要素所需成本计算出一个大致的总成本投入值。成本预算可以控制成本，对养殖生产中影响成本的各种因素加以管理，发现与预定的目标成本之间的差异，采取一定的措施加以纠正。

3. 通过成本核算，得出准确的成本分析

做好计算成本工作，首先要建立好原始记录；建立并严格执行材料的计量、检验、领发料、盘点、退库等制度；制定原材料、燃料、动力、工时等消耗定额；严格遵守各项制度规定，并根据具体情况确定成本核算的组织方式。

通过成本核算，可以检查、监督和考核预算和成本计划的执行情况，反映成本水平，对成本控制的绩效以及成本管理水平进行检查和测量，评价成本管理体系的有效性，研究在何处可以降低成本，进行持续改进。

三、降低成本的主要措施

在养貉的成本中，有很多成本是相对固定的，有些物质的价格随着社会的发展，可以预测只会升高，很难降低，比如人工工资、水电等费用，但可以让一个人管理提高效率，养殖更多的动物，从而降低单位产品的人工成本。为了降低成本可以考虑实施以下一些措施。

1. 合理搭配饲料，利用当地饲料资源，降低饲养成本

我国蛋白质饲料比较缺乏，特别是动物性蛋白饲料，作为貉的主要饲料，其占到了饲料价格的较大比例。配制的饲料要多样化、营养物质平衡。这样能提高饲料利用率、毛皮质量和繁殖性能，从而减少饲料浪费，提高经济效益。

在满足貉正常生长的情况下，充分利用畜禽副产品。畜禽的副产品包括头、蹄、骨架、内脏和血液等，它们已经广泛地应用到貉生产当中，用量占貉日粮动物性饲料的40%～50%，对种貉的繁殖性能、幼貉生长发育及毛皮质量无不良影响，而且价格较低，适当地应用畜禽副产品可以降低养殖成本。

2. 适度规模经营，分摊基础投资折旧成本

家庭貉场规模过小会导致人工成本过高，同时基础投资的成本高，比如，粪污处理池，大型的处理池效率更高，同样是加工设备，大型的设备加工效率更高，成本更低。适度的规模经营是未来家庭养貉的必然之路，可以分摊基础投资的成本，同时抵抗市场风险的能力将增加。

3. 使用机械化设备，降低人工成本

随着人工成本的增加，机械设备在养貉生产中逐渐广泛使用。比如供食车、膨化设备、打皮机等，都可以有效提高单个人员饲养动物的数量。原来每个人可以饲养 300 只貉，有效的使用机械化设备后，每人能饲养 1 200 只貉，降低了人工成本。

4. 加强防疫、降低疾病风险，从而降低成本

貉的饲养过程中，避免不了疾病的风险，加强定期场地及设施消毒，定期防疫危害较大的流行性疾病，如犬瘟热、细小病毒性肠炎等，提高貉的繁殖成活率及打皮前动物的成活率，可以有效降低养殖的成本。

5. 加强管理，适度使用新技术，降低常规生产成本

通过饲养管理，一是能充分发挥貉的生长繁殖潜力，提高产仔数量和仔貉的成活率，确保养貉效益；二是增强貉抵御外界不良因素和病原微生物侵袭的能力，保证健康生长，减少疾病和死亡引起的经济损失。

结合市场形势，适度使用褪黑激素。貉是季节性换毛动物，褪黑激素能明显促进貉毛绒提前生长和成熟，同时还具有抗氧化作用和强化免疫应答反应作用。因此，褪黑激素广泛地应用到毛皮动物生产，对皮用貉埋植褪黑激素，可使毛皮提前成熟，比正常毛皮成熟提前 6 周。这样可以减少貉的饲养时间，从而减少饲料消耗，节省饲料费用。当然埋置褪黑激素貉皮张底绒丰厚度会受一定影响，要综合考虑市场情况来使用。

貉人工授精技术的应用，可以提高良种利用率，减少种

公貉的饲养量，从而减少养貉成本；克服体格大小的差别，充分利用杂种优势；有效控制生殖系统疾病的传播；节省人力、物力、财力，提高经济效益。貉人工授精是进行科学养貉、实现养貉生产现代化的重要手段之一，能有效控制生产成本。

第八节　养貉投资实例分析

养貉的经济收入主要是出售貉皮、部分种貉和一些副产品的收入（如貉肉、油脂、胆、睾丸、粪便等）。其中，貉皮的质量和数量是影响经济收入的主要因素。在保证貉皮数量的前提下，貉皮的质量对经济收入的影响尤为重要。不同等级、类别、性别、尺码、颜色的貉皮出售的价格是不一样的。一级皮和等外皮的价格可相差 100 多元。但是，它们的饲养成本几乎相等。所以，在成本不变的情况下，多生产质量好的毛皮有利于提高养貉经济效益。

成本是获得收入和利润的前提条件，收入和利润是成本在生产经营中转化的结果，没有一定的成本，就不可能获得一定的收益。成本是在满足貉正常生长、繁殖以及获得优质毛皮的前提下确定的，如果追求低成本而忽略了毛皮质量和产量，也将降低收入和利润。这就要求在生产中确定一个成本和利润的平衡点，也就是既能获得优质的毛皮，获利最大收入，又能较低的投入成本。

一、投资规模

以家庭投资每年稳产 500 只貉皮的规模计算，看在建场及投资方面需要的投入和准备。

第一年需要引种 125 只，其中，25 只公貂，100 只母貂。公母比为 1 ∶ 4 有利于配种产仔。第二年配种产仔分窝成活540 左右只（按每只母貂产仔成活 6 只，配种率 90% 计算），到年底除去死亡外打皮 500 只，留种 125 只。达到每年稳定产 500 只貂皮的规模。

二、投资资金预算

引种：125 只 × 300 元/只 = 37 500 元

笼舍用具：80 元/只 × 665 个 = 53 200 元（按最多 130 只貂计算）

饲料费用：种貂 125 只 × 220 元/只 + 皮貂 500 只 × 150元/只 = 102 500 元

防疫及兽药：665 只 × 10 元/只 = 6 650 元

先期投入总计：199 850 元

第二年皮貂收入：500 只 × 300 元/只 = 150 000 元

第三年后无引种、笼舍、用具等投入，可以实现收回成本和盈利。家庭貂场可以 2 个人开展经营，基本不需要从外雇佣人工。根据市场皮张变化可以适当调整种群的大小，每年平均利润在 6 万 ~ 8 万元。如果再加上开发利用一些副产品或是出售部分种貂时，其利润会更大。所以，养貂是一项投资较小，收益较大的致富项目。

第四章

貉饲养最新实用技术

第一节　貉的营养需要和饲养标准

貉饲养过程中，首先要了解貉的消化系统的结构特点和对营养物质的消化代谢特性，这样才能合理选择饲料原料和配制符合营养需求的日粮，以提供貉生长发育所需要的营养物质，另一方面，科学调制貉饲料可以有效降低饲养成本，提高貉的健康水平和疾病抵抗力，最大程度地发挥动物的生产性能。

一、貉的消化代谢特点

貉是肉食性动物，与其他肉食性毛皮动物水貂和狐狸相比，貉的消化机能很强，在采食过程中对饲料的咀嚼少，多是咬碎或撕碎后吞食，家养的貉与野生状态下貉一样，喜食浆果、坚果等，杂食性明显。貉胃中的食物经 6~9 小时即可排空，食物经过整个消化道的时间为 20~30 小时，时间比较短。考虑到这些特性，调制貉饲料时，要尽可能绞碎或粉碎，以增加饲料与肠黏膜的接触面积，提高貉对饲料的吸收利用率。

貉具有一定的杂食性，貉的牙齿构造与排列非常适宜撕碎和磨碎小块饲料，和狐相比还多两个臼齿，咀嚼食物的能力较犬科其他动物强。貉的胃是单室胃，其相对体积较食肉兽（紫貂、水貂等）大，而又较草食兽（兔、狸獭、麝鼠等）小。貉肠道的相对长度也较食肉动物如貂和狐长些，较食草动物短些。此外，貉的肠道构造与草食动物也有相似的地方，如体积较大，大约为体长的7.5倍，故食物在消化道内的停留时间较长。此外，貉有一段长约7.5cm的盲肠，并具有一定的消化机能。貉不仅适应采食利于消化的动物性饲料，而且也能采食和消化谷物性饲料。野生条件下，貉主要捕食小动物，包括啮齿类、鸟类、鱼类、蛙、蛇、昆虫等，也采食浆果、真菌、根茎、种子和谷物等植物性食物。在进行饲料配制时，可以结合貉对食物的消化代谢特点，适当利用谷物性饲料，同时调配以动物性饲料，从而提高生产性能，降低饲养成本。

二、貉的营养需要

貉维持自身生长、发育、繁殖及毛皮生长等需要获得足够的能量、蛋白质、脂肪、矿物质、维生素等营养物质，这些物质均从饲料中获取。要实现科学高效地进行貉养殖，必须了解饲料中各种营养物质对貉生长及生产所起的作用，深入认识不同营养物质对貉的营养作用，从而在配制饲料的过程中可以全面考虑各种因素，高效低价地实现养貉生产。

● （一）　饲料中碳水化合物对貉的营养作用 ●

碳水化合物是指一类如玉米、小麦等高能量、低蛋白质水平的饲料，其主要功能是提供貉所需要的能量。碳水化合物不能在体内完全转化为蛋白质，但能量消耗后剩余部分可在体内转变成脂肪存贮起来，有能量储备和冬季御寒等作用，同时对貉而言可以适量减少蛋白质的分解，具有节省蛋白质作用。貉杂食性较强，对碳水化合物的利用程度较高，在貉的饲养中，如果饲料中碳水化合物供应过低，不能满足动物维持需要时，动物就会动用体内的贮备物质，首先是糖原和体脂肪，仍有不足时，则分解蛋白质代替碳水化合物，以供应所需的能量，导致饲料成本上升。在这种情况下，动物也会出现身体消瘦，体重减轻以及生产力下降等现象；然而，当日粮中碳水化合物过多时，会导致相对日粮中蛋白质的比例就有所降低，长时间饲喂这种结构日粮，蛋白质的摄入量就会不足，这将阻碍貉的正常生长、发育、繁殖及其他生产活动，所以需要提供碳水化合物，但必须提供科学合理的数量。

● （二）饲料中蛋白质对貉的营养作用 ●

在人工养殖条件下，貉对一些谷物性饲料利用率比完全肉食类动物高，但相对于杂食性或草食性动物，其利用率较低，对饲料蛋白质要求较高，缺乏会导致生长受阻、皮张成熟晚、被毛零乱、皮张性能下降、性成熟发育迟缓、繁殖障碍等严重后果。

蛋白质的基本结构单位是氨基酸，主要由碳、氢、氧、氮4种元素组成，有的也含有少量的硫。动物对蛋白质的需要，实际上就是对氨基酸的需要，貉对蛋白质的需求不仅是数量上的满足，而且在氨基酸的平衡上也非常重要。氨基酸对貉来说，又分为必需氨基酸和非必需氨基酸。凡在动物体内不能合成或虽能合成，但合成的速度及数量不能满足其正常生理需要，必须由饲料供给的氨基酸，称为必需氨基酸。在貉体内可以由其他物质合成，或需要量较少，不必由饲料来供给的氨基酸，叫非必需氨基酸。貉的必需氨基酸一般有以下几种，即蛋氨酸、赖氨酸、色氨酸、苏氨酸、缬氨酸、苯丙氨酸、亮氨酸、异亮氨酸等。因为胱氨酸与毛的生长直接有关，可以认为胱氨酸也是貉的必需氨基酸。一般在以动物性蛋白质为主要蛋白质来源的貉饲料中，蛋氨酸是第一限制性氨基酸，适当添加蛋氨酸和精氨酸有利于貉毛皮的生长发育。

蛋白质在貉的营养上具有重要意义，它是构成机体各种组织的主要成分，其作用是脂肪和碳水化合物所不能取代的。在生命活动过程中，各种组织需要蛋白质来修补和更新，精子和卵子的产生需要蛋白质，新陈代谢过程中所需要的酶、激素、色素和抗体等，也主要由蛋白质构成。可见没有蛋白质就没有貉的生命。

绝大多数饲料中蛋白质的氨基酸组成是不完全的，不能满足貉的蛋白质营养需要，所以，日粮中饲料种类单一时，蛋白质利用率就不高。当两种以上饲料混合搭配时，不同饲料原料所含的不同氨基酸就会彼此补充，使日粮中必需氨基酸趋于平衡，从而提高饲料蛋白质的利用率和营养价值，这种作用称为蛋白质互补作用。在配制饲料时，饲料种类尽可能多样化，有利于利用蛋白质的互补作用，增加饲料蛋白质的有效利用率，如貉主要饲料蛋白质是鱼类和肉类，由于鱼类色氨酸和组氨酸少而肉类多，相互搭配使用时可以弥补相互氨基酸组成的缺性；植物性饲料中蛋氨酸含量低，而动物性饲料中含量较高，相互搭配可以弥补蛋氨酸的不足，促进貉的生长和毛皮成熟。

貉对蛋白质的利用率高低，还受以下因素的影响：

（1）饲料中粗蛋白质的数量和质量。如果饲料中蛋白质过多，会降低貉对蛋白质的利用率，饲养效果不佳反而浪费饲料，增加饲料的成本，因为饲料成本很大程度上与饲料蛋白质的含量成正比；如果蛋白质不足，或蛋白质品质差，氨基酸平衡性差，吸收效率就低下，造成机体蛋白质排泄多于利用的数量，动物机体会出现氮负平衡，动物就会体重减轻，毛皮发育不良，对生产也不利。貉长期缺乏蛋白质时，会造成贫血，抗病力降低，幼兽生长停滞，水肿，被毛蓬乱，消瘦，皮下黏膜发白，动物越养越小；种公兽精液品质下降；母兽性周期紊乱，不易受孕，即使受孕也容易出现死胎、流产、弱仔等现象，严重影响繁殖性能。

（2）饲料中粗蛋白质与能量的比例关系。如果日粮中非蛋白质能量（脂肪、碳水化合物）供给不足时，机体蛋白质分解增加，会使尿中排出的含氮物增多，蛋白质利用的效价降低。如果貉的日粮中蛋白质偏高，能量偏低，两者比例不当，则貉的采食量增加，蛋白质用于能量消耗增加，导致貉的饲养成本增加。

（3）饲料加工调制方法。合理调制饲料，如谷物饲料熟制或膨化后可影响貉蛋白质、氨基酸和淀粉的消化率，与未处理饲料比较，膨化处理饲料总氮和氨基酸氮消化率显著降低，半胱氨酸所受影响最大，膨化后淀粉消化率增加，但一般高于100℃处理不再增加淀粉的消化率。

● （三） 饲料中脂肪对貉的营养作用 ●

脂肪是构成貉机体的必需成分，是动物体热能的主要来源，也是能量的最好贮存形式。1g脂肪在体内完全氧化可产生9.3kcal的热量，比碳水化合物高2.25倍。脂肪参与机体的许多生理机能，如消化吸收、内分泌、外分泌等，脂肪还是维生素A、维生素D、维生素E、维生素K等良好溶剂，这些维生素的吸收和运输都是依靠脂肪进行的。

脂肪酸是构成脂肪的重要成分，有些脂肪酸为动物体生命活动所必需，但体内又不能或不能大量合成的，必须从饲料中获得的不饱和脂肪酸，称为必需脂肪酸。在貉饲料中，亚麻二烯酸、亚麻酸和廿碳四烯酸是必需脂肪酸。实践证明，在繁殖期日粮中不仅要注意蛋白质，对脂肪也不能忽视，必需脂肪酸的供给和必需氨基酸一样重要，缺乏时都会造成机体的损害，严重地影响动物的生产。

饲料脂肪极易酸败氧化，如保存时间过长的鱼、氧化变质的鸡油等，采食酸败脂肪对貉机体危害很大。脂肪的氧化酸败是在贮存过程中所发生的复杂化学反应，其特征是脂肪颜色较正常时明显变黄、味道发苦并出现特殊的臭味，如时间放置过长的猪肉气味。酸败的脂肪和分解产物（过氧化物、醛类、酮类，低分子脂肪酸等）对貉健康十分有害。由于它们直接作用于消化道黏膜，使整个小肠发炎，会造成严重的消化障碍。酸败的脂肪分解破坏饲料中的多种维生素，如维生素E等，使幼兽食欲减退，出现黄脂肪病、生长发育缓慢或停滞，严重地破坏皮肤健康，出现脓肿或皮疹，降低毛皮质量，尤其貉在妊娠期对变质的酸败脂肪更为敏感，采食变质脂肪会造成死胎、烂胎、产弱仔及母兽缺乳等后果。

● （四）饲料中矿物元素对貉的营养作用 ●

　　矿物元素是指我们通常所说的钙、磷、钠、氯、铁、锰、铜、锌、硒等，在貉机体中矿物元素虽然含量较少，但在营养和生理上却很重要。矿物元素是机体细胞的组成成分，细胞的各种重要机能，如氧化、发育、分泌、增殖等，都需要矿物元素参与，矿物元素对维持机体各组织的机能，特别是神经和肌肉组织的正常兴奋性有重要作用。矿物元素也参与食物的消化和吸收过程，还在维持水的代谢平衡、酸碱平衡、调节血液正常渗透压等方面有重要生理作用。

　　适量的矿物元素营养供给是维持毛皮动物正常健康、生长及生产的必要条件。矿物元素严重缺乏的貉在临床上表现为发育不良、骨骼畸形等，以至死亡；通常亚临床表现为食欲低下、采食减少、疾病抵抗力下降、体重减轻、死胎增多、产仔率下降、被毛零乱等。下面对貉容易缺乏且影响较大的几种矿物元素进行介绍。

　　1. 常量元素

　　（1）钙和磷　钙和磷主要功能是构成貉的骨骼和牙齿，仔兽及妊娠、哺乳母兽需要量较大。维生素 D 与钙和磷的吸收有非常密切的关系，当日粮的维生素 D 及磷含量不足，而钙的含量过量时，仔兽会行走困难、爬行，严重时会难以站立。貉缺乏钙磷或维生素 D 时，动物表现后腿僵直、用脚掌行走、腿关节肿大、腿骨弯曲、产后瘫痪等症状。7～37 周龄的生长兽钙的需求量占日粮干物质的 0.5%～0.6%。钙磷比也非常重要，钙：磷在 1:1～1.7:1 较好，不在此范围的钙磷比，即使日粮有丰富的维生素 D，也不利于骨的生长。

人工饲养条件下，以动物性饲料为主进行貉的饲养时，一般不会造成钙磷缺乏。但在以低营养水平粗放养貉的地区，由于价格较低的植物性饲料如膨化玉米、豆粕等所占比例很大，容易引起钙磷及维生素 D 的缺乏。在饲料中补充钙磷含量丰富的骨粉或肉骨粉、鱼粉等饲料，同时补充维生素 D，可以很好地解决这一问题。一般钙磷常用的补充饲料有磷酸氢钙、碳酸钙、蛋壳粉、骨粉等。

（2）钠和氯　钠和氯在维持动物机体酸碱平衡、体液渗透压、促进食欲和帮助消化等方面有重要的作用。食盐是补充钠和氯的有效物质，可以有效防止钠和氯的缺乏，增加饲料的适口性，一般貉饲料中食盐添加占鲜饲料的 0.5%，干饲料比例为 0.8%～1.0% 即可，泌乳期可以适当提高，但需要供应充足的饮水，以防食盐中毒。

（3）镁　镁是构成骨骼和牙齿的成分之一，为骨骼正常发育所必需，在机体生命活动中起着重要的作用。大多数饲料均含有适量的镁，能满足貉对镁的需要，所以，一般情况下不会发生镁缺乏症，但在有些地方性缺镁地区也可引起镁的缺乏，镁缺乏可使动物血液中的含镁量降低，同时产生痉挛症，致使动物神经过敏、震颤、面部肌肉痉挛、步态不稳与惊厥。貉日粮中钙磷含量过高将降低镁的吸收，引起镁的缺乏。生产中一般推荐貉日粮镁浓度为 450mg/kg（即 0.45‰）。

（4）硫　硫是合成含硫氨基酸所必需的元素。硫的作用主要是通过含硫有机物质来进行的，如含硫氨基酸合成体蛋白质、被毛和许多激素；长期饲喂含蛋白质很低的饲料或日粮结构不合理时，就容易出现硫的缺乏症状。硫供应不足可使黏多糖的合成受阻，导致上皮组织干燥和过度角质化。硫严重缺乏时，动物食欲减退或丧失、掉毛、被毛粗乱、泪溢并因体质虚弱而引起死亡，貉缺乏硫时毛皮生长会受到严重影响。

2. 微量元素

（1）锌　锌对维持动物正常代谢和繁殖有重要作用。仔兽缺锌最明显的症状是食欲降低、生长受阻，缺锌会致使鼻镜干燥、口舌发炎、关节僵硬、趾部肿胀和皮肤不完全角化。对缺锌的仔兽补饲锌疗效显著，饲料添加锌能有效地预防锌缺乏。日粮中含锌过量可使动物产生厌食现象，对铁、铜的吸收也不利，导致动物贫血和生长迟缓。锌在貉饲料中建议浓度为50mg/kg左右。

（2）铁　铁元素参与动物机体血蛋白、细胞色素及各种酶的合成，促进生长，在血液中起运输氧和营养物质的作用，貉缺铁会发生贫血、免疫功能下降和新陈代谢紊乱。貉在寄生虫病、长期腹泻以及饲料中锌过量等异常状态时会出现缺铁症状。幼兽如果仅吃母乳，可能会出现缺铁性贫血，其症状是肌红蛋白和血红素减少而使肌肉的颜色变得浅淡，皮肤和黏膜苍白，精神萎靡。典型的缺铁症状除贫血外，绒毛退色，肝脏中含铁量显著低于正常水平，有时还伴有腹泻现象。铁缺乏还会致使貉棉状皮毛，绒毛色彩暗淡，毛绒粗乱，贫血、严重衰弱、生长受阻。如果日粮中铁不足时，可用硫酸亚铁、氯化铁等来补充。建议貉饲料中铁的浓度为 50～100mg/kg 较好。

（3）锰　锰可促进骨骼的生长发育，保护细胞中线粒体的完整，维持正常的糖代谢和脂肪代谢，改善机体的造血功能等。日粮中长期含锰量不足时，可使骨骼发育受损、骨质松脆。仔兽缺锰后因软骨组织增生而引起关节肿大，生长缓慢，性成熟推迟。母兽严重缺锰时，发情不明显，妊娠初期易流产，死胎和弱仔率增加，仔兽初生重小。过量的锰可降低食欲，影响钙、磷利用，导致动物体内铁贮存量减少，产生缺铁贫血。貉日粮中缺锰时，可补饲一定量的硫酸锰、氯化锰等。貉饲料中锰建议量为 40～50mg/kg。

（4）铜　铜为毛皮正常色素沉着所必需，也对维持正常生长及产毛有重要作用。缺铜会导致如生长不良、腹泻、不育、被毛退色、胃肠消化机能障碍及疾病抵抗力下降等。过量采食含铜量高的饲料，将使肝脏中铜的蓄积显著增加，大量铜转移入血液中使红细胞溶解，出现血红蛋白尿和黄疸，并使组织坏死，动物将迅速死亡。貉对铜的吸收率较低，一般以鱼为主的毛皮动物饲料不易缺乏，貉饲料中铜的建议量一般为 6～10mg/kg。

（5）硒　硒是动物机体中一些抗氧化酶（谷胱甘肽过氧化物酶）和硒-P 蛋白的重要组成部分，在体内起着平衡氧化还原反应的作用。硒的代谢与维生素 E 密切相关，有助于维生素 E 的吸收和贮存，硒与维生素 E 具有相似的抗氧化作用。貉饲料中缺硒可产生白肌病，患病动物步伐僵硬、行走和站立困难、弓背和全身出现麻痹症状等，硒缺乏会降低动物对疾病的抵抗力。仔兽缺硒时，表现为食欲降低、消瘦、生长停滞；缺硒还可引起母兽的繁殖机能扰乱，空怀或死胎。我国东北是严重缺硒地区，硒的缺乏对貉产业的损害非常大。

对貉饲料缺硒可皮下注射亚硒酸钠和维生素 E 开展治疗，口服亚硒酸盐也很有效。在我国东北地区，在饲料中添加硒进行貉生产能很好地预防缺硒病的发生，减少仔兽的死亡，提高毛皮质量及提高母兽繁殖性能。一般饲料中硒的推荐量为 0.1mg/kg。

（6）碘 碘是合成甲状腺素的必需元素，甲状腺激素为正常生长及繁殖所必需，碘的缺乏会导致甲状腺肿、死胎、弱仔等症。貉的碘缺乏发生在地方性甲状腺肿地区，一般采取的预防措施是在饲料中添加碘，如碘化钠、碘化钾或碘酸钠等，都能取得很好的效果。貉饲料中推荐量为 0.2mg/kg。

（7）钴 钴是合成维生素 B_{12} 的必需元素，当日粮中缺乏钴时，貉会产生贫血等症状。钴的缺乏影响动物的食欲，以至体重下降等，添加钴利于子宫恢复，加强雌激素循环，提高繁殖率。貉缺钴可通过添加钴盐饲料来有效地防治。

● （五）饲料中维生素对貉的营养作用 ●

维生素是维持动物机体正常生理机能所必需的物质，在机体里的含量很少，但饲料中一但缺乏维生素，就会使机体生理机能失调，出现各种维生素缺乏症。

维生素可分为脂溶性维生素和水溶性维生素两大类，脂溶性维生素是一类能溶解在脂肪中而不溶解于水的维生素，主要有维生素 A、维生素 D、维生素 E、维生素 K 等，它们的吸收一般需要脂肪的参与。水溶性维生素包括维生素 B 族、胆碱及维生素 C 等，这类维生素都能溶解在水中。

1. 各种脂溶性维生素对貉机体的功用

（1）维生素 A　可促进细胞的增殖和生长，保护各器官上皮组织结构的完整和健康，维持正常视力，还可促进幼兽生长，使骨骼发育正常和加强对各种传染病的抵抗力，参与性激素的形成，提高繁殖力。缺乏维生素 A 时，会引起幼兽生长发育减慢，表皮和黏膜上皮角质化，出现鳞片状皮肤或皮屑，严重的影响繁殖力和毛皮品质。维生素 A 存在于动物性饲料中，以海鱼、乳类、蛋类中含量较多。成年貉每只每天供给量 800 ~ 1 000 单位，在补喂维生素 A 的同时，增加脂肪和维生素 E 会提高其利用率。

（2）维生素 D　能维持正常的钙、磷代谢平衡，缺少时不仅出现软骨症，还会严重影响繁殖性能。动物肝脏、乳类、蛋类中也含有部分维生素 D，缺乏时应单独补充。貉维生素 D 每只每天的供给量应不少于 100 ~ 150 单位。维生素 D 长期供应不足或缺乏，可导致机体矿物质代谢扰乱，影响生长动物骨骼的正常发育，常表现为佝偻病，生长停滞；对成年动物，特别是妊娠及哺乳动物则引起骨软症或骨质疏松症。

（3）维生素 E　是一种有效的抗氧化剂，对维生素 A 具有保护作用，参与脂肪的代谢，提高繁殖性能。缺乏维生素 E 的主要症状是，母兽虽能怀孕，但胎儿很快就会死亡并被吸收，公兽的精液品质降低，精子活力减弱，数量减少，乃至消失。此外，由于脂肪代谢障碍，出现尿湿病、黄脂肪病等。维生素 E 的供给量在幼兽生长期及种兽繁殖期最高，每只每天供给 3 ~ 5mg，其他时期可减少。植物籽实的胚油含有丰富的维生素 E，目前，养殖户可以在市场上直接购买维生素 E 单体进行补充。

（4）维生素 K　又叫抗出血维生素，是维持血液正常凝固所必需的物质。貉维生素 K 缺乏症比较少见，但肠道机能紊乱、腹泻或长期使用抗生素，抑制肠道中微生物活动，而使维生素 K 的合成减少时，偶而也有发生。临床症状表现为口腔、齿龈、鼻腔出血，粪便中有黑红色血液，剖检时可见到整个胃肠道黏膜出血。貉饲料中保证供给新鲜蔬菜即可预防维生素 K 的缺乏。

2. 各种水溶性维生素对貉机体的功用

（1）维生素 B_1　又叫硫胺素，是动物机体内多种辅酶的组成成分，参与碳水化物代谢，并维护消化系统、神经系统和循环系统的正常功能。貉基本上不能合成维生素 B_1，全靠日粮供给来满足需要。当维生素 B_1 缺乏时，碳水化合物代谢强度及脂肪利用率迅速减弱，出现食欲减退、消化紊乱、后肢麻痹，强直振颤等多发性神经炎症状。貉怀孕期缺乏维生素 B_1，产出的仔兽色浅，生活力弱。糠麸类、豆粉、内脏、乳、蛋及酵母中维生素 B_1 含量较多。

（2）维生素 B_2　又叫核黄素，为体内黄酶类辅基的组成部分，参与碳水化合物、蛋白质、核酸和脂肪的代谢，可提高机体对蛋白质的利用率，促进生长发育。缺乏维生素 B_2 时，新陈代谢发生障碍，出现口腔溃乱、黏膜变性等症状。貉每只每天给量 $2\sim3$mg。维生素 B_2 广泛存在于青绿饲料及乳、蛋、酵母中。

（3）维生素 B_3　也称作烟酸或维生素 PP，烟酸在体内转化为烟酰胺，烟酰胺是辅酶Ⅰ和辅酶Ⅱ的组成部分，参与体内脂质代谢，组织呼吸的氧化过程和糖类无氧分解的过程。缺乏时，貉出现食欲减退，皮肤发炎，被毛粗糙症状。

（4）维生素 B_5　又叫泛酸，缺乏时幼貉虽有食欲，但生长发育受阻，体质衰弱，成年貉严重影响繁殖，冬毛期会使毛绒变白。

（5）维生素 B_6　又叫吡哆醇，抗皮肤炎维生素。缺乏时表现痉挛，生长停滞，并出现贫血和皮肤炎。维生素 B_6 大量含于酵母、籽实、肝、肾及肌肉中。

（6）维生素 B_{12}　它的主要作用是调解骨髓的造血过程，与红细胞成熟密切相关。缺乏时，红细胞浓度降低，神经敏感性增强，严重影响繁殖力。维生素 B_{12} 仅存在于动物性饲料中，以肝脏含量较高。只要动物性饲料品质新鲜，一般不会导致缺乏。

（7）叶酸　是防止恶性贫血的一种维生素。籽实及块茎、块根类植物中含有叶酸。

（8）生物素　对机体各种有机物质的代谢均有影响，广泛存在于富含蛋白质的饲料及青绿饲料中。生物素缺乏或不足会导致貉毛发脆，表皮角化，被毛卷起及自身剪毛。貉生物素缺乏引起换毛障碍，背部被毛脱落，残存的稀有被毛脱色，呈灰色，母兽失去母性，空怀率高。

（9）胆碱　当缺乏时，肝脏中会有较多的脂肪沉积，形成脂肪肝病，也会引起幼兽生长发育受阻，母兽乳量不足。一切天然脂肪饲料中均含有胆碱。

（10）维生素 C　又叫抗坏血酸。它参与细胞间质的生成及体内氧化还原反应，并具有解毒作用。维生素 C 缺乏时，仔兽发生红爪病。青绿多汁饲料及水果中含量丰富，貉每只每天供给量 30~50mg。

● （六）水对貉的营养作用 ●

貉人工饲养时必须保证充分供给清洁的饮水。貉缺水比缺食物反应敏感，严重缺水会导致貉死亡。貉水缺乏会加速中暑、食盐中毒等症，减缓体中废物的排出；当然如果食物过稀，貉采食时被动饮水过多也会增加貉维生素及微量元素的排出，导致貉正常饲养时营养的缺乏；被动饮水过多也会增加肾脏负担，对貉机体有不利的影响。

三、貉的饲养标准

貉主要在我国饲养较多，国内外对貉的营养需要及饲料营养标准缺乏深入系统的研究，尚无统一的饲养标准。中国农业科学院特产研究所经济动物营养与饲养团队经过多年的努力，结合我国自身貉饲养及饲料特点，提出了貉不同时期营养推荐量见表 4-1，本书结合国内外研究进展及我国当前饲料资源及饲养管理的实际情况，提出如下一些经验标准，现将其归纳整理如下，供饲料生产厂及养殖户参考。

表 4-1 貉不同时期饲料营养成分推荐量   单位:%

品　名	代谢能（MJ/kg）	粗蛋白≥	脂肪≥	赖氨酸≥	蛋氨酸≥	钙	总磷≥	食盐
成年维持期	13.3	24	8	1.3	0.6	0.8~1.2	0.6	0.4~0.6
配种期	13.8	26	8	1.6	0.8	0.9~1.5	0.6	0.4~0.6
妊娠期	13.8	28	8	1.6	0.9	0.9~1.5	0.7	0.4~0.6

（续表）

品 名	代谢能（MJ/kg）	粗蛋白≥	脂肪≥	赖氨酸≥	蛋氨酸≥	钙	总磷≥	食盐
哺乳期	14.1	30	9	1.6	0.9	1.0~1.6	0.8	0.4~0.6
育成期	13.7	26	9	1.8	0.9	1.0~1.6	0.7	0.4~0.6
冬毛生长期	13.9	24	10	1.6	0.9	0.9~1.5	0.6	0.4~0.6

中国农业科学院特产研究所于 1986—1988 年，对母貂泌乳期、幼貂育成期和冬毛生长期的能量和蛋白质需要量进行了研究测定，结果见表 4 - 2、表 4 - 3、表 4 - 4。

表 4 - 2　貂能量和蛋白质的需要量

时期 ＼ 项目	总能（kcal/kg 干物质）	粗蛋白质（%）
母貂泌乳期（4~6 月）	4 900	30
幼貂育成期（6~9 月）	5 200	34
冬毛生长期（9~11 月）或准备配种前期	5 200	26

表 4 - 3　貂可消化营养物质的需要量

月份	代谢能（kcal）	可消化营养物质（g/100kcal）		
		蛋白质	脂肪	碳水化合物
1	375.6	10.12	3.46	5.43
2	242.4	10.07	3.50	5.40
3	276.2	9.97	3.75	4.91
4	606.3	10.00	3.83	4.72

（续表）

月份	代谢能（kcal）	可消化营养物质（g/100kcal）		
		蛋白质	脂肪	碳水化合物
5	530.5	9.79	3.62	5.43
6	859.5	10.00	3.46	5.56
7～12	576.5	9.84	3.72	5.17

注：5、6月份的营养需要量是母貉及窝内仔兽的共同消耗量

表4-4 貉部分营养物质和能量推荐量（参考NRC，1982狐营养需要量）每千克干物质含量

时期	7～23周	23周～成熟	维持（成年）	妊娠	泌乳
能量（kcal ME）	—	—	3 227	—	—
粗蛋白质（%）	27.6～29.6	24.7	19.7	29.6	35
维生素A（IU）	2 440	2 440	—	—	—
维生素B$_1$（μg）	1.0	1.0	—	—	—
维生素B$_2$（mg）	3.7	3.7		5.5	5.5
泛酸VB$_3$（mg）	7.4	7.4	—	—	—
维生素B$_6$（μg）	1.8	1.8	—	—	—
烟酸（mg）	9.6	9.6	—	—	—
叶酸（μg）	0.2	0.2	—	—	—
钙（%）	0.6	0.6	0.6	—	—
磷（%）	0.6	0.6	0.4	—	—
钙磷比	1：1～1.7：1	1：1～1.7：1	—	—	—
食盐（%）	0.5	0.5	0.5	0.5	0.5

第二节　合理选择貉的饲料

一、貉饲料种类及利用

用于饲养貉的饲料种类很多，毛皮动物养殖上习惯于把貉的饲料分为动物性饲料、植物性饲料和添加剂饲料三大类。目前，随着我国貉主要饲料原料鲜海杂鱼等产品的减少、动物性饲料的贮藏成本增加，以鱼粉、肉骨粉、谷物性饲料等为主要原料的干粉或颗粒全价饲料、配合饲料及浓缩饲料逐渐为广大养殖户所应用，本节也作介绍。

（一）动物性饲料

作为肉食性毛皮动物，貉喜食动物性饲料，包括鱼类、肉类、动物下杂等副产品、干动物性饲料、乳、蛋类等，这类饲料蛋白质含量丰富，氨基酸组成比植物性饲料更接近于貉营养的需求，是貉生长和发育获得蛋白质的主要来源。

1. 鲜鱼类饲料

鲜鱼类饲料是貉动物性蛋白质的主要来源之一，其消化率高，适口性好。在我国大部分大型毛皮动物饲养场，鲜鱼及冻鱼类产品是貉的主要食物。我国水域辽阔，可作饲料的鱼种类繁多，除河豚，马面豚等有毒鱼类外，大部分淡水鱼和海鱼均可作为貉的饲料。

鲜鱼类饲料蛋白质营养丰富，一般在16%左右，不同单一鱼种之间差异较大，如草鱼蛋白仅11.5%左右，而黄花鱼为17.5%左右，不同鱼种水分含量也差别较大，如带鱼干物质含量为22%，而鳕鱼为11%，同一鱼种水分含量也差别较大，小鱼水分含量高而大鱼水分含量低，在购买鲜鱼类饲料原料时，需要综合考虑原料的实际营养含量和价格。一般鲜鱼生喂比熟喂营养价值高，因为过度加热处理会破坏赖氨酸，同时使精氨酸转化为难消化形式，色氨酸、胱氨酸和蛋氨酸对蛋白质饲料脱水破坏性很敏感，但部分海鱼和淡水鱼中因含有硫胺素酶，它们会破坏维生素 B_1，导致貉维生素 B_1 缺乏，所以，饲喂时最好能熟制，以破坏硫胺素酶，减少生喂造成的维生素 B_1 缺乏，同时对有些来源不明的鱼类产品，加热可以起到消毒杀菌的作用。

由于不同种类鱼体组成中氨基酸比例的不同，饲喂单一种类的鱼不如饲喂杂鱼好，混合饲喂有利于氨基酸的互补。同时，鱼类饲料与肉类饲料（畜禽下脚料等）混合饲喂，也有利于氨基酸的互补。使用鱼类饲料时，一定要注意鱼不能变质，长时间冷冻贮藏的鱼类，比如，超过6个月贮存期，也可能因为脂肪氧化，动物长期食用后导致黄脂肪病，造成生产损失。贮藏前变质的鱼细菌滋生、脂肪酸败，貉采食后易引起食物中毒，喂脂肪酸败的鱼类还会引起脂肪组织炎、出血性肠炎、脓肿病、黄脂肪病和维生素缺乏症等。

随着水产资源的不断减少，加上休渔和地理条件的限制，许多毛皮动物养殖户不能依靠鲜鱼作为常年性饲料，养殖户应该结合当地特点，尽量开发利用品质好而且价格便宜的其他动物性饲料。

2. 肉类饲料

肉类饲料蛋白质含量丰富，一般在25%左右，是貉重要的动物性饲料。貉几乎对所有动物的肉类均可采食。瘦肉中各种营养物质含量丰富，适口性好，消化率也高，是理想的饲料原料。新鲜的肉类适宜生喂，消化率及适口性都很好，对来源不清或不太新鲜的肉类应该进行熟化处理后饲喂，以消除微生物污染及其他有害物质，减少不必要的损失。腐败变质的肉一定不要用来饲喂动物，容易引起沙门氏菌或肉毒梭菌毒素中毒。

在实践中，可以充分利用人们不食或少食的牲畜肉，特别是牧区的废牛、废马、老羊、羔羊、犊牛及老年的骆驼和患非传染性疾病经无害化处理的病肉，最大程度地利用价格低廉的肉类饲料资源。

狗肉及狐狸肉喂貉一般应高温熟喂，以免疾病（尤其是犬瘟热病和旋毛虫病）传染。兔肉是一种高蛋白、低脂肪的优质饲料，利用兔肉及其下杂喂貉效果均较理想。

公鸡雏，营养价值全面，是很好的貉饲料，可占日粮的25%～30%，配合鱼类饲喂效果更佳，用时要蒸煮熟制。死因不明，或死亡时间过长，未经冷冻处理的动物尸体禁止饲喂，否则容易使动物感染疾病或发生中毒。

3. 鱼及畜禽副产品

动物的头部、骨架、四肢的下端和内脏等称为副产品，也叫下杂。这类饲料除了肝脏、肾脏、心脏外，大部分蛋白质消化率较低，生物学价值不高，但作为貉的饲料，可以很好地提供部分能量及蛋白质，比谷物性饲料在部分蛋白质、维生素等方面优越，而且价格便宜，来源广泛，适量地利用好鱼肉副产品可有效地促进貉的养殖，所以鱼肉副产品也是很好的貉饲料。

（1）鱼副产品　沿海地区的水产制品厂，有大量的鱼头、鱼排、内脏及其他下脚料，这些副产品价格便宜，有一定的营养和利用价值，都可以用作貉的饲料。新鲜的鱼头、鱼排蛋白质含量为15%左右，脂肪含量9%左右，可以生喂，繁殖期不超过日粮中动物饲料的20%，幼兽生长期和冬毛生长期可增加到40%。新鲜程度较差的鱼副产品应熟喂，特别是鱼内脏保鲜困难，熟喂比较安全，变质的鱼副产品严禁用作貉的饲料。

（2）畜禽副产品　肝脏是貉较为理想的饲料，含19.4%的蛋白质、5%的脂肪，还含有多种维生素和微量元素（铁、铜等），特别是维生素A和维生素B含量丰富，是动物繁殖期及幼兽育成期的较好添加饲料。健康的肝（摘除胆囊）宜生喂，可占动物性饲料的10%～15%，对来源不是很有把握的鸡肝、鸭肝、猪肝等，最好熟喂，以免感染巴氏杆菌和猪伪狂犬等病，导致生产损失。由于肝有轻泻性，饲喂时应逐渐增加喂量，控制在一定的添加范围内，以免引起稀便。

肾脏和心脏也是貉全价蛋白质饲料，同时还含有多种维生素。健康的肾脏和心脏，生喂时营养价值和消化率均较高，病畜的肾脏和心脏必须熟喂。使用肾脏时要注意是否带有肾上腺，肾上腺不宜在繁殖期使用，因为其中激素含量较多，可能造成貉生殖机能紊乱。

肺脏可以作为貉的饲料使用，但其营养价值不高，蛋白质不全价，矿物质少，结缔组织多，消化率较低。肺脏对胃肠还有刺激性作用，易发生呕吐现象。肺脏一般应熟喂，喂量可占动物性饲料的 5%～10%。

胃、肠、脾均可喂貉，但营养价值不高，不能单独作为动物性饲料喂貉。新鲜的胃、肠虽适口性强，但胃肠常有病原性细菌，所以应熟喂或发酵处理后饲喂。胃、肠可代替部分肉类饲料，但其喂量一般不宜超过貉饲料的 30%。

子宫、胎盘和胎儿也可以作为貉的饲料，但主要应该在幼兽生长期使用。配种期和妊娠期不能使用，以免造成流产、死胎等症。

食道，是全价的蛋白质饲料，其营养价值与肌肉无明显区别。喉头和气管也可以作为貉的饲料，在幼兽生长期与鱼类及肉类配合使用能保证幼兽正常的生长发育。

畜禽血的营养价值较高，含蛋白质 17%～20% 和大量易于吸收的无机盐，还有少量的维生素等。血最好是鲜喂，健康动物的血粉和血豆腐可直接混于饲料内投给，日粮中血可占貉饲料的 5% 左右。因血中含有无机盐，对貉有轻泻作用，所以不宜超量饲喂。熟制血及血粉消化率不高，繁殖期要少喂。

禽类的副产品，如头、内脏、翅膀、腿、爪等均可喂貉，但一定要新鲜、清洗干净。这类饲料可按动物性饲料量的 20% 左右给予。在貉繁殖期，最好不使用鸡头、鸡肠、鸭头、鸭肠等可能含有激素的副产品，在生长期也要限量使用，以免影响健康，有试验表明生长期使用含雌激素过高的动物副产品，会引起生长期发情及尿湿症，甚至是死亡，所以，饲喂前必须高温处理，同时要减少用量。

4. 乳、蛋类饲料

乳品和蛋类是貉的全价蛋白质饲料，含有全部的必需氨基酸，容易消化和吸收，有条件的地方应多加利用。

乳品类饲料包括牛、羊鲜乳和酸凝乳、脱脂乳、奶粉等乳制品，能提高其他饲料的消化率和适口性，促进母兽的泌乳和仔兽的生长发育。如给乳品类饲料时，在日粮中不应超过总量的30%，过量易引起下痢。乳品类夏天易酸败，要注意保存，禁用酸败变质的乳品喂兽。鲜奶要加温（70~100℃，10~16分钟）灭菌，待冷却后搅拌入混合饲料中。

蛋类饲料也是营养极为丰富的全价饲料，容易消化和吸收，在混合饲料中可以提高含氮物质的消化率。短期喂给蛋类可以生喂，但因蛋清里面含有卵白素，有破坏维生素的作用，故不宜长期生喂，一般鸡蛋热处理对饲喂貉非常必要，因为鸡蛋中含有抗生物素蛋白，把鸡蛋91℃处理至少5分钟可以使抗生物素蛋白变性，热处理还可以变性阻碍貉吸收铁的鸡蛋蛋白。蛋类饲料应在繁殖期作为公貉的精补饲料有效地利用，提高精液品质和动物的配种效率，只是价格较高，饲喂量推荐每只每天10~20g。

禽孵化业的石蛋和毛蛋也可以喂貉，但必须保证新鲜，并经煮沸消毒。饲喂量与鲜蛋大致一样。对未成熟卵黄（俗称蛋茬子或蛋包），在生长期可以少量使用，繁殖期严禁使用，容易引起流产及死胎，因为一般在淘汰蛋鸡屠宰分离时，未成熟卵黄很难与卵巢分离，易造成貉雌激素中毒。

5. 干动物性饲料

新鲜的动物性饲料不易保存和运输，而且使用还受季节和地域的限制，一般饲养场都应适当准备干动物性饲料，作为平时饲料的一部分，以备不时之需。目前毛皮动物饲料加工企业多以干动物性饲料为主要原料，对促进我国毛皮动物更大范围的养殖有非常积极的意义。

（1）鱼粉　是鲜鱼经过干燥粉碎加工而成的，是貉养殖常用的干动物性饲料。其蛋白质含量一般在60%左右，钙、磷的含量高，钙达5.44%，磷为3.44%，且钙磷比较好；维生素B族含量高，特别是核黄素、维生素B_{12}等含量高。其适口性好，营养丰富全价，是貉很好的干粉饲料原料。鱼粉通常含有食盐，一般鱼粉含盐量为2.5%～4%，若食盐含量过高，则会引起毛皮动物的食盐中毒，所以，含盐量过高的鱼粉不宜用来饲喂，或在饲料中的比例要适当减少。常规干燥鱼粉的脂肪含量较高，贮藏时间过长容易发生脂肪氧化变质、霉变，严重影响适口性，降低鱼粉的品质，经浸提脱脂的鱼粉脂肪含量很低，保存时间相对长。因为市场鱼粉价格较高，掺假现象时有发生，用户在购买时要注意产品的质量，尽量减少生产损失。

干鱼脂肪含量高，发热量较高，容易保存，饲喂前要用水浸泡，增加其适口性。干鱼的质量非常重要，腐败变质的鱼晒制的干鱼不能作为貉的饲料，以免引起毒素中毒。

目前，市场上还有许多鱼类加工副产品，如鱼排粉、鱼浆粉等，都可以作为貉的动物性饲料原料，只是需要根据其营养组成及适口性等进行搭配，满足貉全面的营养需要。

（2）肉骨粉　用家畜躯体、骨、内脏等作原料，经熬油后干燥的产品，蛋白质含量一般为40%～60%，脂肪含量在

12%左右，是适口性及营养较好的貉饲料，加工中一般不得混有毛、角、蹄、皮及粪便等物，在鲜鱼肉类产品缺乏时，是很好的貉饲料替代品。肉骨粉易因加热过度而不易被动物吸收，同时B族维生素较多，A、D较少，脂肪含量高，易变质，贮藏时间不宜过长，建议饲喂量控制在日粮干物质含量的30%以下。

（3）血粉　以动物血液为原料，经脱水干燥而成。一般蛋白质含量为80%～85%，赖氨酸7%～9%，适口性差，消化率低，异亮氨酸缺乏，氨基酸组成不合理。大型肉联厂每年加工大量的血粉，如果质量没问题，可以作为貉的蛋白饲料，但血粉具有轻泻作用，大量采食会导致腹泻，建议添加量在5%以下。目前，市场上有血粉的深加工产品，如血球蛋白粉、血浆蛋白粉等，均可以在貉饲料中部分添加，对平衡氨基酸有很好的作用。

（4）肝渣粉　生物制药厂利用牛、羊、猪的肝脏提取维生素B和肝浸膏的副产品，经过干燥粉碎后就是肝渣粉，其蛋白质含量在55%左右。这样的肝渣粉经过浸泡后，与其他动物性饲料搭配，可以饲喂貉。但肝粉渣不易消化，喂量过大容易引起腹泻，所以要控制适当比例的添加。

（5）蚕蛹或蚕蛹粉　蚕蛹和蚕蛹粉是鱼、肉饲料的良好代用品，蚕蛹可分为去脂蚕蛹和全脂蚕蛹两种，蚕蛹营养价值很高，貉对其消化和吸收也很好，但蚕蛹含有貉不能消化的甲壳质，故用量不宜过多，一般可占日粮的20%。

（6）羽毛粉　禽类的羽毛经过高温、高压和焦化处理后粉碎即成羽毛粉。蛋白质含量80%～85%，含有丰富的胱氨酸、谷氨酸和丝氨酸，这些氨基酸是毛皮兽毛绒生长的必需物质，在每年的春秋换毛季节饲喂，有利于貉的毛绒生长，并可以预防狐、貉的自咬症和食毛症。羽毛粉中含有大量的角质蛋白，貉对其消化吸收比较困难，但熟制、膨化、水解或酸化处理后，可提高其消化率。不经加热加压处理的生羽毛粉，对毛皮动物食用价值很低。羽毛粉适口性较差，营养价值也不平衡，一般需与其他动物性饲料搭配使用，建议貉冬毛生长期添加量在5%以下。

● （二）植物性饲料 ●

植物性饲料包括植物性能量饲料如玉米、小麦，蛋白质饲料如豆饼（粕）及果蔬类饲料等，貉能利用植物性饲料作为其热能的重要来源，同时也可以较好利用植物性蛋白质饲料，但其适口性及利用率有一定的局限性，经过适宜加工的植物性饲料可以有效提高其适口性及消化吸收率，从而增加其在貉饲料中的添加比例。下面对在貉饲料中应用较多的几种饲料作简单介绍。

1. 玉米

是貉最主要的植物性能量饲料，其能量一般高于16.3兆焦/千克，玉米的粗蛋白含量为7%~9%，蛋白质品质较低，赖氨酸、蛋氨酸、色氨酸缺乏。玉米含钙量不高，一般低于0.1%，而磷的含量却为0.31%~0.45%，该钙、磷比不适于貉的生长、发育，由于磷含量的偏高影响钙的吸收，将导致貉发生钙代谢病，所以在大量饲喂熟化玉米而高蛋白质饲料缺乏时，貉难以健康生长繁殖。谷物籽实类饲料一般也缺乏维生素A、D，但B族维生素含量却十分丰富。玉米的适口性好，且种植面积广，产量高，所以，是比较普遍应用的貉饲料之一。玉米作为貉饲料一般要经过蒸煮或膨化加工，貉采食未经熟化的玉米后会导致拉稀，吸收利用率低下，熟化后的玉米淀粉消化率增加，但高于100℃处理不再增加淀粉的消化率。

2. 小麦

在貉饲料中的应用，一般是指其加工副产品次粉或麦麸。麦麸的蛋白质含量可达12.5%～17%，含B族维生素丰富，核黄素与硫胺素含量较高。麦麸中钙、磷的含量不平衡，干物质中钙为0.16%，而磷为1.31%，二者为1∶8的比例，钙、磷的吸收受到影响，所以麦麸在用做貉饲料时应特别注意补充钙，调整钙、磷平衡。次粉可以作为貉的饲料，最好经膨化或熟化处理后给貉饲喂。

3. 大豆

大豆是貉较好的蛋白质饲料原料，富含蛋白质和脂肪，干物质中粗蛋白质为36%～45%，脂肪为15%左右，赖氨酸含量高达2.09%～2.56%，蛋氨酸含量少，为0.29%～0.73%。大豆脂肪含量高，因此，能值较高，钙磷含量少，胡萝卜素和维生素D、硫胺素、核黄素含量也不高，但优于谷物籽实。大豆作为貉饲料必需进行蒸煮或膨化，否则会导致动物消化不良，经膨化的大豆可以占到貉饲粮的20%左右。

4. 豆饼和豆粕

豆饼和豆粕是油料籽实提取油后的产品，目前，在我国貉养殖中应用较为广泛。大豆饼粕中含蛋白质较高，在42%左右，其中，赖氨酸2.5%～3.0%、色氨酸0.6%～0.7%、蛋氨酸 0.5% ~ 0.7% 、胱氨酸 0.5% ~ 0.8% ；含胡萝卜素较少，仅 0.2 ~ 0.4mg/kg；硫氨酸素和核黄素也很少，仅 3 ~ 6 mg/kg；烟酸和泛酸稍多，在 15 ~ 30mg/kg；胆碱含量最为丰富，达 2 200 ~ 2 800mg/kg。豆饼和豆粕作为貉饲料要看其加热处理是否有效降低了有害物质含量，不然会引起毛皮动物消化不良。正常加热的饼、粕颜色应为黄褐色，有烤黄豆的香味；加热不足或未加热的饼、粕颜色较浅或呈灰白色，有豆腥味；加热过度为暗褐色。

5. 花生饼

可以作为貉饲料使用，所含蛋白质、能量较高，花生饼饲用价值仅次于豆饼，蛋白质和能量都比较高。含赖氨酸 1.5% ~ 2.1% 、色氨酸 0.45% ~ 0.61% 、蛋氨酸为 0.4% ~ 0.7% 、胱氨酸 0.35% ~ 0.65% ；含胡萝卜素和维生素 D 极少，硫胺素和核黄素 5 ~ 7mg/kg 、烟酸 170mg/kg 、泛酸 50mg/kg 、胆碱 1 500 ~ 2 000mg/kg。花生饼本身无毒，但因贮存不善易染黄曲霉，故贮存时切忌发霉。

另外还有棉籽饼、菜籽饼等，由于适口性差、吸收率较低及含有毒物质，在貉饲料中很少使用。经过去毒的棉籽饼和菜籽饼，可以在貉饲料中适宜使用。

6. 果蔬类饲料

包括各种蔬菜、野菜和水果等，它们可以改善貉的饲料结构和适口性，提供丰富的维生素。果蔬类饲料对母兽的怀孕、产仔及泌乳都有良好的作用。

喂貉常采用的蔬菜有白菜、圆白菜、油菜、菠菜、甜菜、莴苣、茄子、西葫芦、番茄、苦菜叶、蒲公英、胡萝卜、大葱、蒜等，也有用豆科植物的牧草和绿叶的。果蔬类饲料的发热量不大，在合理的日粮配合中仅占 3% ~ 5%。

● （三）貉饲料添加剂 ●

饲料添加剂可以补充貉必需的而在一般饲料中不足或缺少的营养物质，如氨基酸、维生素、矿物元素、酶制剂、抗生素等。

1. 维生素添加饲料

随着当今劳动力成本的提高和蔬菜价格的提升，貉养殖中几乎很少用到果蔬饲料来补充动物生物素的不足，貉常规动植物饲料难以提供充足的维生素营养，目前，越来越多的养殖户倾向于使用商品单体维生素添加剂来补充貉饲料维生素的不足，但由于在貉维生素营养需要方面的研究较少，饲养标准不完备，部分养殖户还是使用传统的维生素饲料，如鱼肝油、酵母、麦芽、棉籽油及其他含有维生素的饲料。精制商品维生素的浓度一般非常高，在配制饲料时要注意混合均匀。

2. 矿物质饲料

貉需要的矿物质前面已有介绍，常规貉饲料中有些矿物质可以满足，有些则需适当补给。除常规的矿物质饲料如骨粉、食盐等外，目前针对不同地方矿物质供给特点，一般采用无机矿物盐进行补充，如硫酸亚铁用来补充铁的缺乏，硫酸铜用来补充铜的缺乏，等等。由于无机矿物盐价格便宜，应用比较广泛。无机矿物盐一般吸收率有限，用有机矿物元素化合物来补充矿物元素比较理想，吸收率较高，只是价格还比较高。

3. 特种饲料

既不是貉生命活动中所必需的营养物质，也不是饲料中的营养成分，但是，它对貉机体和饲料有良好作用，如抗生素、酶制剂、益生素和抗氧化剂等。

抗生素是抑制多种微生物生长的物质，在夏季生长期肠道疾病较多时，貉日粮中不定期添加少量的抗生素，可以促进生长，提高幼兽的成活率，防止疾病的发生，同时能延缓饲料的腐败。目前，采用的抗生素有畜用黄霉素、金霉素、杆菌肽锌、黏菌素等。

益生素主要是由乳酸杆菌、双歧杆菌、芽孢杆菌、酵母菌及其他生长促进菌种组成，它能有效地抑制病原菌群在肠道的无序繁殖，防止貉肠道疾病的广泛发生，使动物机体保持健康状态，而且没有抗药性，是较好的一种添加饲料。但目前市场价格较高，而且针对貉的专业性益生素产品很少，是未来科学研究发展的方向。

抗氧化剂是抑制饲料脂肪酸败的物质。在貉的日粮中供给少量抗氧化剂，可以提高兽群的成活率，防止貉发生脂肪组织炎及黄脂肪病。酸化剂如柠檬酸、食用磷酸等，能提高貉饲料的消化率，减少肠道疾病，也是貉有效的饲料添加剂。

● （四）貉商用全价、浓缩及预混饲料 ●

貉从野生状态到大密度的人工饲养，给貉的科学饲养提出了一系列问题，其中，由于采食范围的缩小及食物种类的单一化而造成的矿物元素缺乏，致使貉发育不良、死亡、繁殖率下降及生产性能下降等给生产造成了很大损失，制约了毛皮动物产业发展。作为养殖户很难全面考虑貉各方面的营养需求，只有根据貉的营养需要和各种饲料营养成分特点合理的调配日粮，才能以最少的饲料消耗，获得最优的产品和最好的经济效果。商用全价、浓缩及预混合饲料的应用就可以有效地解决这一问题。

商用全价、浓缩及预混饲料，采用容易常温贮存的鱼粉、肉骨粉、膨化大豆、膨化玉米、次粉、维生素及微量元素等配制蛋白质及能量适宜的干粉或颗粒全价饲料，以动物及植物蛋白质饲料为主的浓缩饲料及以维生素、矿物质、酶制剂等为主的预混合饲料，为养殖户全面科学地解决了貉营养需求的难题。科学配制的商用全价、浓缩及预混饲料能生产出优质的貉毛皮，同时降低养殖的饲料成本，减少劳动生产成本，增强人为控制因素，解决目前阻碍我国貉养殖业发展的鲜饲料资源严重短缺问题，促进了我国貉养殖业健康发展。

貉全价饲料是指由蛋白质饲料、能量饲料、矿物质饲料和添加剂预混料按不同时期貉营养需求配合成的一种饲料混合物。

貉浓缩饲料是指由两种或两种以上蛋白质饲料、能量饲料、矿物质饲料或添加剂预混料按一定比例组成的饲料，通过与其他能量或蛋白质饲料等混合后能满足貉主要营养需求的一种蛋白含量较高的混合物。当前市场主要以高蛋白质饲料为主，如粗蛋白质含量 40% 的浓缩饲料，养殖户购置后，回去另外添加熟化玉米粉后，形成全价饲料进行貉的饲喂。

貉低蛋白配合饲料在市场上也有，主要是提供植物性饲料和矿物质及维生素饲料，如蛋白质为 20% 左右的伴侣饲料等，养殖户购置后回去另外添加鲜鱼、动物下杂等后，形成全价貉饲料开展饲喂。

貉预混合饲料是指两类或两类以上的微量元素、维生素、氨基酸或非营养性添加剂等微量成分加有载体或稀释剂的均匀混合物。目前，市场上有10％、4％及1％的添加产品。

目前，貉商用全价饲料以干粉饲料为主，主要由膨化玉米、豆粕、鱼粉、肉粉、羽毛粉等组成，占到了已有貉饲料市场的90％，其他有制成颗粒饲料进行饲喂的，有一定的市场，因为颗粒饲料饲喂简单，可以一定程度降低人工成本，在部分貉集中养殖区应用呈现扩大的趋势。对于大型貉养殖场，多以鲜饲料如海杂鱼、动物下杂等为主开展自配饲料饲养动物，但由于饲料原料的购置、贮藏、加工等程序繁杂，成本高昂，加上人工成本价格的提高，越来越多的大型貉养殖场也倾向于部分使用商品化的貉干粉饲料。目前，貉饲料全国生产总量将近40万吨，以中小型规模企业居多，年产貉饲料超过5万吨的企业很少。貉是肉食性动物，对饲料的适口性及品质要求较高，饲料的加工工艺及配制技术要求较高，相对利润比猪鸡饲料高。目前，许多大型畜禽饲料生产企业也加入到这个行业，但由于加工技术及饲料配方技术不成熟而难以获得较大的市场份额，加上貉产业养殖规模有限，受国际经济起伏变化的影响较大，养殖利润不稳定，养殖户及大中型养殖企业变化快，难以有稳定的客户和市场。

貉生产性能的有效发挥，其营养的有效供给非常关键，近几年貉饲料成本平均上涨达30％以上，一般养殖户总是希望降低饲料成本，选择价格便宜的饲料原料来配制饲料，而动物对营养的依赖程度高，便宜的饲料可能蛋白质、能量水平都达不到动物的营养需求，导致了动物的生长与发育受阻、繁殖率、成活率降低，动物难以发挥最大的生产性能。貉干粉饲料的广泛应用有力地推动了貉养殖业的发展，大型的饲料公司应用现代饲料调制技术，如膨化技术、酶解技术、调味剂应用技术等，提高了饲料的适口性及营养利用率，结合貉营养需求研究新技术的应用，实现了干粉（或颗粒）饲料的全程养殖，为科学饲养提供了技术保障，同时也为养殖户节约了人力物力，降低了饲养成本，减少了浪费。目前，貉干粉或颗粒饲料基本为养殖户及大中型养殖场所接受，仅部分养殖户会在干粉饲料中再添加部分海杂鱼及下杂等鲜饲料，以提高饲料的适口性和营养水平，或以期减低成本。

二、饲料的品质鉴定

貉的部分动物性饲料是以鲜、湿的状态进行饲喂的，一旦这些饲料腐败变质，将会给动物的健康、繁殖、生长造成很大的损害。因此，在家庭养貉的过程中，对所喂饲料的品质进行鉴定、检验非常重要。鉴别饲料品质的方法很多，除感观鉴定外，还有物理学、化学、细菌学和寄生虫鉴定等。现仅就能为广大养殖户及饲养场采用的感观鉴定分述如下。

● （一） 肉类饲料的品质检验 ●

肉类饲料应当是新鲜优质的，不应有腐败变质的现象。感观检验主要根据肉的性状、色泽、气味等方面加以鉴别（表4-5）。

表4-5 肉类新鲜程度鉴别

项目	新 鲜	不新鲜	腐 败
外观	表面有微干燥的外膜,呈玫瑰红或淡红色,肉汁透明,切面湿润、不黏	表面有风干灰暗的外膜或潮湿发黏,有时生霉,切面色暗、潮湿、有黏液,肉汁浑浊	表面很干燥或很潮湿,带淡绿色,发黏发霉,断面呈暗灰色,有时呈淡绿色,很黏、很潮湿
弹性	切面质地紧密有弹性,指按压能复原	切面柔软,弹性小,指按压不能复原	切面无弹性,手轻压可刺穿
气味	无酸败或苦味,气味良好,具有各种肉的特有气味	有较轻的酸败味,略有霉气味,有时仅在表层,而深层无味	深、浅层均可嗅到腐败味
色泽	色白黄或淡黄,组织柔软或坚硬,煮肉汤透明芳香,表面集聚脂肪	呈灰色,无光泽,易黏手,肉汤稍有浑浊,脂肪呈小滴浮于表面	污秽,有黏液,常发霉,呈绿色,肉汤浑浊,有黄色或白色絮状物,脂肪极少浮于表面

● (二) 鱼类饲料的品质检验 ●

各种鱼的新鲜度,可根据鱼的眼、鳃、肌肉、肛门和内脏等状况进行鉴别 (表4-6)。

表4-6 鱼类新鲜程度鉴别

项目	新 鲜	次 鲜	近于腐败	腐 败
体表	有光泽,黏液透明,有鲜腥味,鳞片完整不易脱落	光泽减弱,黏液较透明,稍有不良气味,鳞片完整	暗灰色,黏液浑浊浓稠,有轻度腐败味,腹部稍呈膨大	黏液浑浊,黏腻,有明显腐败味,鳞片不完整、易脱落,胸部明显膨大
眼	眼球饱满突出,角膜透明	眼球发暗、平坦	眼球轻度下陷,角膜微浊	眼球塌陷,角膜混浊
鳃	鲜红或暗红色	暗灰红色,带有浑浊黏液	淡灰褐色,黏液有异味	呈灰绿色,黏液有腐败味

（续表）

项目	新　鲜	次　鲜	近于腐败	腐　败
肌肉	肉质坚硬有弹性	硬度稍差，但不松弛	肉质松软多汁，指压后的凹陷恢复差	组织柔软松弛，指压后的凹陷不能恢复，肉与骨附着不牢，肋刺脱出
肛门	紧缩	稍突出	突出	外翻
内脏	正常	肝脏外形有所改变	肝脏和肠管有分解现象，内脏被胆汁染成黄绿色	肝脏腐败分解，胃肠等变成无构造的灰色粥样物

● （三）乳的品质检查 ●

乳的新鲜度应根据色泽、状态、气味、滋味判断（表4 - 7）。

表4 - 7　乳品新鲜程度鉴别

项　目	正常乳	不正常乳	
		变化	原因
色泽	乳白色并稍带微黄	蓝色、淡红色、粉红色	细菌、乳房炎或饲料引起
状态	均匀一致，不透明，液态，无沉淀，无杂质，无凝块	黏滑，有絮状物或多孔凝块	细菌
气味及滋味	特有香味，可口稍甜	葱蒜味，苦味，酸味，金属味，外来气味	饲料、细菌、容器引起，或贮存不当

● （四） 蛋类饲料的品质检验 ●

新鲜的蛋壳表面有一层白色粉状物，蛋壳清洁完整，颜色鲜艳。打开后蛋黄凸起、完整并带有韧性，蛋白澄清透明、稀稠分明。受潮蛋蛋壳灰污并有油质，打开后可见蛋清水样稀稠，弹壳内壁发黑粘连，常可嗅到腐败气味。

● （五） 干动物性饲料和干配合饲料的品质检验 ●

目前，我国没有统一的毛皮动物饲料标准，毛皮动物饲料生产企业一般以企业标准进行生产，不同企业间有较大的区别。而毛皮动物对饲料的吸收利用在不同饲料之间有很大的差别，一般动物性饲料吸收较好，植物性饲料吸收较差，但饲料生产单位对饲料的评价不是以消化利用为基础的，而是以粗蛋白质等营养含量为基础，具有很大的不准确性，所以，正确评价一种饲料的好坏及安全非常重要。对于小型养殖户，可以从以下几个方面来检验饲料的好坏。

1. 眼看

首先外观看有无生产单位、品牌、生产许可、日期等，正规的饲料原料及配合饲料还要求有基本的信息、主要营养成分的含量、保存期等，一切都满足的情况下，饲料还有可能在运输及保存过程中淋雨、受潮等，这时即使在保质期内，也要看饲料颜色是否正常，有无霉变、结块、潮湿、生虫等现象，如果有这些情形，就要慎重考虑是否为劣质产品或是否继续用作貉的饲料。

2. 鼻闻

正常的毛皮动物干粉饲料具有一定的鱼香味和熟化玉米

香味。闻饲料是否有刺激性气味，如霉变味、氨味、腐败味、酸味、恶臭等刺激性气味，有异味的饲料一般已变质或混有杂质，不能为貉所食用。

3. 嘴尝

看饲料是否过咸，或有涩味、苦味等异常味道。

4. 看沉淀物

用一柱形透明玻璃杯盛 2/3 清水，取 50～100g 饲料放入杯中，适当搅拌后静置 1～2 分钟，看杯中固形沉淀物是否多，一般饲料允许有少量沉淀，过多沉淀会影响饲料的适口性及吸收率。

5. 看饲养效果

这是最重要最有说服力的检验。貉饲料应适口性好，排出粪便干湿适宜，不腹泻，能保证动物具有良好的吸收率，生长旺盛，毛色光洁柔顺。有一些饲料粗蛋白质水平较高，但貉吸收率很低，反映出来的饲养效果就是生长迟缓，毛色无光泽，易腹泻等症状。饲养效果还可以通过采食饲料的动物有无营养性缺乏疾病，饲养动物死亡率是否高来判定。一般生长期毛皮动物死亡率在 1%～3%，在没有重大传染性疾病或异常死亡的情况下，超过这个比率时，很大程度与饲料营养性缺乏有关，特别是微量元素和维生素的缺乏。

● （六）谷物饲料的品质检验 ●

谷物饲料在贮存不当的情况下，受酶和微生物的作用，易引起发热和变质。检验谷物饲料时，主要根据色泽是否正常，颗粒是否整齐，有无霉变及异味等加以判断。凡外观检查变色、发霉、生虫，嗅有霉味、酸臭味，舔尝有酸苦等刺激味，触摸有潮湿感或结成团块者，均不能利用。

● （七）果蔬饲料的品质检验 ●

新鲜的果蔬饲料具有本品种固有的色泽和气味，表面不黏。失鲜或变质的果蔬，色泽灰暗发黄并有异味，表面发黏，有时发热。

三、貉饲料的贮存

目前，在貉的养殖上虽然商用饲料的应用越来越多，但由于受传统饲养习惯的影响，广大家庭貉养殖户习惯于自己配制饲料，或在商用干粉貉饲料中添加部分鲜饲料，那么，科学成功地贮存及调制饲料就显得非常重要，是貉养殖取得效益的关键。

● （一）动物性饲料的贮藏 ●

动物性饲料极易变质腐败，特别是在高温高湿天气，所以，貉饲养场要保证饲料的新鲜，必须首先做好动物性饲料的贮藏工作。常用的贮藏方法有低温、高温、干燥和盐渍等方法。

1. 低温贮存

低温可以抑制微生物对饲料的分解作用，防止或减缓饲料变质或产生有害物质。小型家庭养殖户可用冰箱、冰柜保存饲料，大型养貉场可以建造冷库长期贮藏。长期低温贮藏的鱼或肉类饲料，脂肪依然会缓慢氧化，如在零下20℃贮藏10个月以上时间，如果貉长期饲用这样的鱼肉，依然可能导致含脂肪病的发生。所以，不是相对低温就可以无限期的贮藏饲料还可以保存饲料的营养。

2. 高温贮存

高温可杀灭各种微生物、细菌。新购回的新鱼、肉，一时喂不了时，可放锅中蒸（或煮）熟，取出存放于阴凉处，或者将鱼、肉煮熟后，始终放在锅内，肉或鱼温度保持在 $70 \sim 80℃$。用高温处理饲料后只能短时间保存，是临时性的，不能放置过久。

3. 干燥贮存

饲料干燥，附于饲料上的微生物死亡或失去生存和繁殖条件，饲料本身也因干燥不能发生氧化分解作用。因此，饲料干燥后可长时间保存，不发生变质。

干制饲料的方法如下。

晾晒　将饲料切割成小块，置于通风处晾晒，如果是较大的鱼，则应剖开除去内脏再晾晒，如果是小鱼可直接晾晒。晾晒饲料方法简单，但太阳照射往往发生氧化酸败，降低饲料营养价值。

烘烤　将鱼、肉、内脏下杂煮熟，切成小块置于干燥室烘干。干燥室须有通风孔，以利于排出水分，加快干燥速度。

4. 盐渍贮存

盐渍可以抑制细菌的繁殖或生长，杀死病原微生物，起到饲料保存作用。具体做法可以将鲜饲料置于水泥池或大缸中，用高浓度盐水溶液浸泡，以液面没过饲料为度，用石头或木板压实，这种方法可以保存饲料 1 个月以上。但盐渍时间越长，饲料盐分含量越高，使用前必须用清水浸泡，脱盐至少要 24 小时，中间要换水数次并不断搅动，脱尽盐分，否则易使貉发生食盐中毒。

● （二）谷物饲料的贮存 ●

植物性饲料在含水量降到 12% 以下时，容易长时间保存，否则，饲料与空气接触吸湿变质。贮存饲料的库房必须阴凉、通风、干燥，地面搭设板架，勿使饲料袋接触地面。特别应注意堆放层数不能太多。要经常翻动，及时晾晒，以免受潮变质。

● （三）果蔬饲料的贮存 ●

供给貉的瓜果蔬菜，最好随用随收。一时用不了应放在阴凉通风处，不要堆放，防止变质、发酵，引起貉食用后亚硝酸盐中毒。还要防鼠害，降低粮食的消耗，防止病害蔓延。在我国北方，冬季应将果蔬贮存于菜窖里，以便供给冬季使用。

四、饲料的加工与调制

貉的饲料原料准备好了，如何加工才能使貉爱吃，同时也可以很好地利用我们提供的饲料，满足貉生长及生产的需要呢？貉的饲料种类很多，除去商用貉全价饲料外，自己配制饲料一般都是以鲜、湿饲料为主，这些饲料又因其利用和加工方法不同而有不同的饲喂效果。因此，养殖户必须在了解各种饲料特性的基础上，合理加工调制，从而提高饲料的利用效率。

● （一）饲料的加工 ●

1. 肉类和鱼类饲料的加工

将新鲜海杂鱼和经过检验合格的牛羊肉、碎兔肉、肝脏、胃、肾、心脏及鲜血等（冷冻的要彻底解冻），洗去泥土和杂质，粉碎或绞碎后直接生喂。

品质虽然较差，但还可以生喂的肉、鱼饲料，首先要用清水充分洗涤，然后用 0.05% 的高锰酸钾溶液浸泡消毒 5～10 分钟，再用清水洗涤一遍，方可绞碎加工后生喂。

淡水鱼和腐败变质、污染的肉类，需经熟制后方可饲喂。淡水鱼熟制时间不必太长，达到消毒和破坏硫胺素酶的目的即可。消毒方式要尽量采取蒸煮、蒸汽高压短时间煮沸等方式。死亡的动物尸体、废弃的肉类和痘猪肉等应用高压蒸煮法处理。

质量好的动物性干粉饲料（鱼粉、肉骨粉等），可与其他饲料直接混合调制喂食。

自然加盐晾晒的干鱼，一般都含有 5%～30% 的盐，饲喂前必须用清水充分浸泡。冬季浸泡 2～3 天，每日换水两次；夏季浸泡 1 天或稍长一点时间，换水 3～4 次，彻底去盐后可以食用。没有加盐的干鱼，浸泡 12 小时达到软化的目的后饲喂。浸泡后的干鱼经粉碎处理，再同其他饲料合理调制供生喂。

对于难以消化的蚕蛹粉，可与谷物混合蒸煮后饲喂。品质差的干鱼、干羊肉等饲料，除充分洗涤、浸泡或用高锰酸钾溶液消毒外，需经蒸煮处理，以增加适口性。

高温干燥的猪肝渣和血粉等，除了浸泡加工之外，还要经蒸煮，以达到充分软化的目的，这样能提高消化率。

表面带有大量黏液的鱼，按 2.5% 的比例加盐搅拌，或用热水浸烫，除去黏液；味苦的鱼，除去内脏后蒸煮，熟化后再喂。这样既可以提高适口性，又可预防动物患胃肠炎。

咸鱼在使用前要切成小块，用清水浸泡 24～36 小时，换水 3～4 次，待盐分彻底浸出后方可使用。质量新鲜的可生喂，品质不良的要熟喂。

2. 奶类和蛋类饲料的加工

牛奶或羊奶喂前需经消毒处理。一般用锅加热至 70～80℃，15 分钟，冷却后待用。奶桶每天都要用热碱水刷洗干净。酸败的奶类（加热后凝固成块）不能用来喂貉。

蛋类（鸡蛋、鸭蛋、毛蛋、石蛋等）均需要熟喂，这样能预防生物素被破坏，同时增加适口性。

3. 植物性饲料的加工

谷物饲料要粉碎成粉状，最好采用数种谷物粉搭配，有利于各种饲料间的营养互补，谷物性饲料一般经熟化后饲喂效果好，而且消化吸收率高，不易产生各种消化性疾病，通常熟化可以进行膨化处理或熟制成窝头或烤糕的形式，也可把谷物粉事先用锅炒熟，或将谷物粉制成粥混合到日粮中饲喂。

蔬菜要去掉泥土，削去根和腐烂部分，洗净，搅碎饲喂。严禁把大量叶菜堆积或长时间浸泡，否则易发生亚硝酸盐中毒。叶菜在水中浸泡时间不得超过 4 小时，洗净的叶菜不要和热饲料放在一起，以免过多损失维生素营养等。冬季可食用质量好的冻菜，窖贮的圆白菜、白菜等，其腐烂部分不能利用。春季马铃薯芽眼部分含有较多的龙葵素，需熟喂，否则易引起龙葵素中毒。

● (二) 饲料的调制 ●

饲料加工好了，如何调制和搭配营养最好，貉的利用率最高呢？饲料调制的优劣，直接影响饲料的适口性和营养价值的高低。

1. 调制前的处理

饲料调制前应进行饲料品质及卫生鉴定，严禁饲喂来自疫区的饲料和变质饲料。新鲜的动物性饲料应充分进行洗涤，一般需用0.1%高锰酸钾溶液消毒，然后用清水洗净。肉类副产品（胃，肠、肺、脾等）需高温煮熟后冷却备用，冷冻的饲料经缓冻后再行洗涤。鱼类饲料可先用清水浸泡，然后洗去表面黏液。蔬菜饲料调制前需切除根和腐烂部分，去掉泥土。为防止发生肠炎和寄生虫病，可用0.1%高锰酸钾溶液消毒，然后用清水洗净，切成小块备用。

2. 饲料的绞制

将准备好的各种饲料，按配方检斤过秤，分别用绞肉机绞碎。如属小型碎块饲料，可将几种饲料混合绞制，如属大型的饲料，可先绞鱼类，肉类和肉副产品，然后再绞其他饲料（谷物制品和蔬菜可混合绞制）。

3. 饲料的调配

将各种绞制的饲料放在大的搅拌池中，先放占主要成分的谷物，蔬菜类、鱼肉类或其他动物性饲料，然后加入预混饲料和稀释的豆浆或水，充分进行搅拌，适当浸泡一段时间后饲喂貉，饲料浸泡时间不易太久，特别是夏天，容易发酵或滋生病菌。

4. 调制貉饲料的注意事项

（1）貉饲料的调制一般应在临分食前完成 调制后浸泡时间不宜超过 2 小时，时间过长容易引起发酵、变质，同时长时间多种饲料混合易引起营养成分的破坏或失效，不利于饲料营养物质的有效利用，应最大限度地避免。

（2）配料时称量要准确，拌料均匀，浓度适中 繁殖期浓度宜稀些，非繁殖期宜稠些，冬季和早春应适当加温，以免过早结冻，饲喂貉后引起肠道疾病。

（3）维生素饲料以及乳类、酵母等必须临喂前加入 防止过早混合被氧化破坏。

（4）温差（冷热）大的饲料 应分别放置，在温度接近时，再一起搅拌。过热的温度调制饲料易引起饲料营养物质分解或破坏。

（5）牛奶在加温消毒时，要正确掌握温度 如温度过高，会破坏牛奶中的维生素，温度过低，达不到灭菌目的。

（6）食盐、酵母应先用水溶解，稀释后再混入饲料内 在调制过程中，水的添加要适当，严防加入过多，造成貉被动饮水过多或造成剩食。

（7）谷物饲料应充分熟制 但熟制时间不宜过长或糊化，不能有异味。

（8）缓冻后的动物性饲料 在调制室内存放时间不得超过 24 小时。

（9）饲料调制室必须加强卫生防疫，闲人谢绝入内 饲料加工器械随时清洗，定期消毒。

（10）调制微量元素及维生素等微量的添加剂饲料 在调

制前，充分混合扩容后，加到大比例混合饲料中混匀。

第三节　貉的日粮配制

　　配制饲料需利用好当地饲料资源优势，利用容易获得、稳定、价格便宜、营养价值高、适口性好的饲料进行综合配制。养殖户可以自己配制日粮，只要能满足貉的营养需求，降低饲料成本，最大限度地发挥动物的生产性能，就是好的配方。当然饲料的配制需要遵循一定的科学规律，满足动物不同生产时期的营养需求，我们所提供的饲粮配方，仅作为参考，养殖过程中应该根据各地的饲料特点综合考虑，下面简要介绍貉饲料配制的依据及方法。

一、貉日粮的配制依据

　　貉饲料的配制不是没有根据随意进行的，我们必需结合貉的生活及生产特点、采食习惯、营养需要等方面进行综合的考虑，才可能配制一个好的饲料。无论是以鲜动物性饲料为主设计的饲料配方，还是设计以干饲料为主的饲料配方，都必须考虑以下几个方面的因素。

● （一）配制饲料应考虑日粮的适口性及貉采食的习惯性 ●

　　貉为肉食性动物，适口性差的饲料配比过多，会导致采食减少，以至拒食，即使饲料的营养水平很高，动物不愿采食，也不能发挥动物的生产性能，不算是好的饲料。在设计饲料配方时应选择适口性好，无异味的饲料，对适口性差的饲料可少加或添加调味剂，以提高其适口性，如豆饼、大豆等植物性蛋白质类饲料，可以限制在一定比例内使用。同时应结合生产实际经验，考虑饲料的适口性及貉采食的习惯性，并通过合理加工方式（如膨化）来提高其适口性，合理调配日粮，使貉爱吃。

● （二）参考貉的饲养标准确定不同时期的营养需要量 ●

貉在不同的生物学时期，由于其生长速度、生产目的等不同，对各种营养物质的需要量有很大的区别。饲养标准制定出了貉在不同生物学时期的营养需要量，它是建立在大量饲养试验、消化代谢试验等的结果之上，结合生产实际得出的能量、蛋白质及各种营养物质需要量的定额数值。只有确定了科学的营养需要标准，才可能设计出生产效果和经济效益均好的饲料配方。比如膨化玉米适口性很好，但貉如果仅采食玉米，不能满足其蛋白质的营养需要，生长及生产会受到阻碍。在设计饲料配方时，应根据具体情况，适当利用饲养标准或营养推荐需要量所列数值进行参考，配制出科学合理的配方，以发挥貉的生产性能。

● （三）必须结合貉不同生物学时期的生理状态及消化生理特点，选用适宜的饲料原料，选择的饲料原料必须经济、稳定、适口性好，这是设计优质、高效饲料配方的基础 ●

比如仔兽需要消化好、营养丰富的饲料提供生长所需的能量及蛋白质，而冬毛期饲料主要提供毛生长所需的蛋白质及氨基酸，同时增加脂肪水平，使得动物能贮藏足够的脂肪和能量越冬。

● （四） 饲料成分及营养价值表 ●

饲料成分及营养价值表客观地给出了各种饲料的营养成分含量和营养价值。在配制饲料时，应先结合貉的生理时期、饲料价格及饲料的营养特点，选取所要用的饲料原料，再结合饲料成分或营养价值表计算所设计饲料配方是否符合貉饲养标准中各营养物质规定的要求，并进行相应调整。对于同一饲料原料，生长季节、地区、品种、进货批次等的不同，其营养成分也不尽相同；有条件的单位可进行常规饲料成分分析，如没有条件，可选用平均参考值进行计算。计算混合饲料的营养成分往往与实测值不同，在大型生产场应进行配制后检测，保证貉饲料营养供给平衡的准确性。

● （五） 所选饲料应考虑经济和卫生的原则 ●

应尽量选择营养丰富而价格低的饲料进行配制，以降低饲料成本，同时饲料的种类和来源也应考虑到经济原则，根据实际情况，因地制宜、因时制宜地选用饲料，保证饲料来源的方便、稳定。合理配制日粮，要尽可能利用当地饲料资源，就地取材，以降低饲养成本。饲料品种要力求多样化，品质要新鲜。所有的饲料原料的选择必须考虑卫生健康，这也是选择饲料原料的前提，考虑是否变质、污染、氧化、有毒有害等。

● （六） 日粮组成的饲料原料尽可能多样化 ●

在进行日粮配制时，作为单一饲料原料，如能量饲料、蛋白质饲料及含矿物质、微量元素丰富的饲料等，它们所提供的营养物质各有偏重，过于单一的饲料原料，有可能配不出所需营养含量的日粮。同时在营养要求全面时，几种饲料原料有时也难以配合出所需营养全价的日粮，所以，在日粮配合时，尽可能用较多的可供选择饲料原料，平衡互补单一饲料营养的缺失，以满足动物不同的营养需求。同时也要注意保持饲料的相对稳定，避免主要饲料品种的突然变化，否则将会引起适口性降低。

二、貉日粮的配制方法

貉的日粮配制，要根据鲜干饲料搭配、动物性饲料和植物性饲料搭配的方法进行配制，充分满足其不同生物学时期的营养需要，日粮组成应结合当地饲料品种而定，做到新鲜、卫生、全价、科学的合理搭配，力求降低成本，保证营养需要。

● （一）饲料配制的准备 ●

1. 确定营养指标

进行饲料配制首先应找一个相对科学、准确的标准，如貉的饲养标准或由权威科研机构提出的推荐营养需要量，有时由生产实践或科研实践得出的数据、结论也可作参考材料，总之应有一个相对准确、科学的依据。

2. 确定饲料的种类

饲料种类可根据营养指标、饲料价格、季节特征等进行综合考虑，既有人为因素，又有每个饲养场本地饲料资源、价格等因素限制。比如，要求配制一个貉育成期营养水平的日粮，仅用玉米和次粉是不可能达到26%蛋白质水平的，一定要有较高蛋白质水平饲料原料，如大豆或鱼粉等，同时也应考虑价格因素、适口性等，比如鱼粉价格较贵，血粉适口性差等，在进行配合前应有一定的现场实践经验，要不然配一个日粮出来貉不爱吃，达不到预期生产目的。在确定饲料种类时，同时应考虑貉场当地的饲料资源情况，如当地屠宰场肉渣粉价格低廉、新鲜、适口性好、运费低，完全可以优先大量使用。对新的饲料资源，应进行少量的试验性饲喂，观察其采食情况再决定是否大量使用，如酒糟、肠、羽粉等，应试验性饲喂。

3. 查营养成分表

大多常规饲料的营养成分从网上或饲料基础数据正式出版物可以查阅，对没有营养成分分析数据的饲料，必要时可找有检测分析能力的科研部门开展检测，对大型貉场最好对各种饲料取样分析，获得准确的营养成分数据。饲养场参考的资料应尽可能是本地区、本品种及相似自然条件下的饲料营养成分价值含量，这样更接近饲料原料真实的营养含量。

4. 确定饲料用量范围

根据生产实践、饲料的价格、来源、库存、适口性、营养特点、有无毒性、动物的生理阶段、生产性能等，来确定饲料的用量范围，有时虽用某种饲料进行配合能满足貉的营养需要，但对貉来说消化有问题、有毒性或适口性差等，均会造成意想不到的结果。比如，仅从适口性考虑，DDGS由于酸味大，适口性受一定的影响，虽然价格较低，但在貉饲料配方里也要限定在15%以下比较适宜；养殖场库存的饲料原料多少也需要考虑，因为突然一种占比例较多的饲料原料用完，会影响持续配方的适口性和动物采食的习惯性，如果难以采购到相同的原料，就要考虑降低用量来保持配方的稳定性等。

● （二）饲料配合的计算方法 ●

饲料配方的计算是根据貂的营养需求，结合所选饲料的营养水平，综合计算各种饲料的配制比例，从而达到配制出满足貂的营养需求的饲料配方。下面分别介绍几种计算方法。

1. 重量配比简单估算法

对于小型饲养场和个体养殖户，可以用计算方法简便、容易掌握的重量配比简单估算法来搭配饲料。重量配比法是依据重量进行计算，依据貂各生物学时期的营养需要，确定各种饲料占整个日粮重量的比例，再计算一只兽一天供给的饲料总数量，重点核算蛋白质含量。

下面举例说明某貂饲养场妊娠期所用的配合饲料单。

由营养需要推荐量知道每只种貂每天给饲量400g、其中，蛋白质70~80g。动物类饲料占日粮总量的40%，植物类占50%、果蔬占10%。详见表4-8。

表4-8　母貂妊娠期饲料单

饲料种类		蛋白质（%）	占日粮（%）		每天每只饲量（g）	蛋白质含量（g）	
动物类	鲜杂鱼	18	20		80	14.4	
	肉粉	50	10	40	40	20	43.2
	鸡肠	22	10		40	8.8	

（续表）

饲料种类		蛋白质（%）	占日粮（%）		每天每只饲量（g）	蛋白质含量（g）	
植物类	膨化玉米	8	30		120	9.6	
	麦麸	14	10	50	40	5.6	32
	豆粕	42	10		40	16.8	
果蔬类		1		10	40	0.4	
合　计			100		400	75.6	

　　另外加维生素、豆汁、酵母、骨粉、食盐。通过计算投料中含粗蛋白质为75.6g，达到了蛋白质的要求标准。每天每只用量乘上全场饲养貉总只数，就得出每天全场饲料的总需量，最后按早食占40%、晚食占60%的投给量分别喂饲。

　　2. 交叉配合法

　　交叉配合法又叫四角法或对角线法，在饲料种类较少时可非常简便地计算出饲料配比；在采用多种饲料时也可用此法，但需要反复两两组合，比较麻烦，而且不能同时配合满足多项营养指标的饲料，如蛋白质水平满足但能量水平可能不满足或大量超出。

　　（1）两种饲料配合　如用膨化玉米、鱼粉为原料给貉育成期配制一混合饲料。其步骤如下。

　　①查"貉育成期饲养标准或营养需要量（或推荐量）"知这一时期貉要求蛋白质水平应达26%，经取膨化玉米、鱼粉进行成分分析或查"饲料营养成分表"知玉米粗蛋白质水平为8%，鱼粉为64%。

　　②如下图画一个叉，交叉处写上所需混合饲料的粗蛋白

质水平（26），在叉的左上下角分别写上膨化玉米及鱼粉的粗蛋白质水平（8和64），然后依交叉对角线进行计算，大数减小数，所得数分别记在叉的右上下角，如下图。

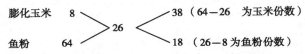

膨化玉米　　8　　　　　　38（64－26　为玉米份数）

　　　　　　　　　26

鱼粉　　　　64　　　　　　18　（26－8为鱼粉份数）

③用上面计算所得差数，分别除以两差数之和，就得出两种饲料混合的百分比。

　　玉米％＝38／（38＋18）×100％＝67.86％

　　鱼粉％＝18／（38＋18）×100％＝32.14％

由此得出欲配制粗蛋白质为26％貉育成期饲料，膨化玉米应占67.86％，鱼粉应占32.14％。

（2）多种饲料组分的配合　如要用膨化玉米、次粉、膨化大豆、肉粉、鱼粉、矿物质原料及添加剂给冬毛期貉配制一粗蛋白质水平为24％的混合饲料。

①先把上面饲料原料分成3类。低粗蛋白质水平能量饲料（膨化玉米、次粉），蛋白质类饲料（膨化大豆、肉粉和鱼粉），矿物质及添加剂类饲料；然后根据饲料价格、生产经验、貉的生理特点及饲料混合限量等综合考虑，给出能量饲料、蛋白质类饲料的固定组成。查出各饲料原料的蛋白质含量，如表4-9所示。矿物质饲料占混合料1.7％，添加剂占混合料的0.8％，食所示盐占0.5％，共计3％。

表 4 - 9　经验饲料分类表

分类	饲料原料	粗蛋白质含量（%）	分类后经验指定百分组成（%）	混合粗蛋白质含量（%）
能量饲料	膨化玉米	8	80	9.4
	次粉	15	20	
蛋白质饲料	膨化大豆	36	40	50.2
	肉粉	60	40	
	鱼粉	64	20	

②计算出未加矿物质、食盐及添加剂前混合饲料中粗蛋白质应有的含量。

要保证添加 1.7% 矿物质饲料、0.5% 食盐及 0.8% 添加剂后的混合料的粗蛋白质含量为 24%，必须先将添加量从总量中扣除（即未加它们前混合料的总量应为 100% – 3% = 97%），那么，未加 3% 不含粗蛋白质饲料时混合料粗蛋白质含量应为 24/97 × 100% = 24.74%。

③将混合能量饲料与混合蛋白饲料做交叉计算。

混合能量饲料 9.4　　　　　　　　25.46 (50.2 – 24.74 混合能量饲料份数)

混合蛋白饲料 50.2　　　　　　　　15.34 (24.74 – 9.4 混合蛋白饲料份数)

混合能量饲料% = 25.46 /（25.46 + 15.34）× 100% = 62.4%

混合蛋白饲料% = 15.34 /（25.46 + 15.34）× 100% = 37.6%

④计算混合料中各成分的比例：

膨化玉米应为　　　80% × 62.4% × 97% = 48.42%

次粉应为　　　　20% × 62.4% × 97% = 12.11%

膨化大豆应为　　40%×37.6%×97%＝14.59%

肉粉应为　　　　40%×37.6%×97%＝14.59%

鱼粉应为　　　　20%×37.6%×97%＝7.29%

矿物质应为　　　　　　　　1.7%

食盐应为　　　　　　　　　0.5%

添加剂应为　　　　　　　　0.8%

上面交叉法易满足单一营养指标，而且直观，简单，在要求同时考虑能量、蛋白质及其他营养指标时，生产中用得较多的是试差法，或叫凑数法。

3. 试差配合法

试差法先根据生产实践及参考饲料营养水平，凭经验拟出各种饲料原料的比例，将各种原料同种营养成分与各自比例之积相加，即得该配方这种营养成分的总含量，将各种营养成分照此计算后结果与饲养标准或营养需要量对照，如果有任一营养成分超过或不足，可通过减少或增加相应原料比例进行调整，重新计算直到所有营养指标都基本满足要求为止，这种方法简单明了，但计算量大，缺乏配方经验时盲目性较大，成本也可能较高。

例如，为貉育成期配制一全价日粮

（1）根据貉饲养标准或营养需要量，确定貉育成期营养需要　每千克干物质代谢能为13.7MJ/kg，粗蛋白质为28%，脂肪为8%，钙为1.2%，磷为0.7%，赖氨酸1.8%，蛋氨酸为0.9%，食盐为0.5%，添加剂为1%。

（2）确定使用饲料原料　并查出其各营养成分的含量，如表4-10所示。

表4-10　所使用饲料原料的各营养成分及试配结果

原料	试配日粮比例（%）	代谢能（MJ/kg）	蛋白质（%）	粗脂肪（%）	钙（%）	磷（%）	赖氨酸（%）	蛋氨酸（%）
膨化玉米粉	45	13.2	8.3	3.5	0.02	0.27	0.24	0.164
小麦次粉	10	10.2	15	2.1	0.08	0.52	0.52	0.16
膨化大豆粉	15	18.2	36.5	18	0.2	0.4	2.3	0.66
鱼粉	10	13.5	64	10.36	5.45	2.98	4.9	1.84
肉粉	18	14	60	15	1.07	0.68	2.73	0.86
鸡油	0	36.2	0	100	0	0	0	0
赖氨酸	0.25	12	99	0	0	0	99	0
蛋氨酸	0.25	12	98.5	0	0	0	0	98.5
食盐	0.5	0	0	0	0	0	0	0
添加剂	1	12	20	0	15	7	12	16
总计	100	13.82	29.51	8.48	0.95	0.73	1.90	0.95
要求	100	13.7	28	8	1.2	0.7	1.8	0.9
相差	0	+0.12	+1.51	+0.48	-0.25	+0.03	+0.1	+0.05

（3）确定部分原料的配比　根据经验，由于鱼粉较贵，一般比例不超过10%，食盐及添加剂比例固定，分别为0.5%及1%。

（4）先按代谢能和粗蛋白质的需求量试配　计算所配日粮总营养水平，饲料的营养水平是通过每种原料的比例乘以相应营养物质的总和计算得来的，如上表中代谢能＝45%×13.2＋10%×10.2＋15%×18.2＋10%×13.5＋18%×14＋0×36.2＋0.25%×12＋0.25%×12＋1%×12，其他营养物质计算方法相似。试配是有目标的，具体原则是：先固定给出鱼粉的比例为10%，玉米及小麦次粉蛋白质水平较低，而大豆、肉粉蛋白质水平高，可以用来调节蛋白质水平的高低，同时大豆脂肪含量高，代谢能较高，可以用来调节代谢能水平，这样多次调整运算，直到结果与营养需要量接近，相差不超过5%即可。对于脂肪、赖氨酸、蛋氨酸如果计算后不足，可以单独添加调节，钙磷水平也可以通过适当提高含钙磷高的鱼粉或石粉来调节。表4-11为举例试配计算结果，结果表明代谢能水平与粗蛋白质水平高于要求水平，要想达到要求目标，应相应降低蛋白质饲料配比，膨化大豆降低可以同时降低代谢能、蛋白质和脂肪水平，结果钙水平与要求有差距，可以适当再调整。调整后的饲料组成如表4-11所示。

表4-11　试配日粮比例及其计算结果

原料	试配日粮比例（%）	代谢能（MJ/kg）	蛋白质（%）	粗脂肪（%）	钙（%）	磷（%）	赖氨酸（%）	蛋氨酸（%）
膨化玉米粉	46	13.2	8.3	3.5	0.02	0.27	0.24	0.164
小麦次粉	10.1	10.2	15	2.1	0.08	0.52	0.52	0.16
膨化大豆粉	15	18.2	36.5	18	0.2	0.4	2.3	0.66
鱼粉	12	13.5	64	10.36	5.45	2.98	4.9	1.84
肉粉	15	14	60	15	1.07	0.68	2.73	0.86
鸡油	0	36.2	0	100	0	0	0	0
赖氨酸	0.2	12	99	0	0	0	99	0

（续表）

原料	试配日粮比例（%）	代谢能（MJ/kg）	蛋白质（%）	粗脂肪（%）	钙（%）	磷（%）	赖氨酸（%）	蛋氨酸（%）
蛋氨酸	0.2	12	98.5	0	0	0	0	98.5
食盐	0.5	0	0	0	0	0	0	0
添加剂	1	12	20	0	15	7	12	16
总计	100	13.72	28.09	8.02	1.01	0.77	1.82	0.90
要求	100	13.7	28	8	1.2	0.7	1.8	0.9
相差	0	+0.02	+0.09	+0.02	-0.19	+0.07	+0.02	0

试差法在生产中应用广泛，在进行调配过程中应使选用原料多样化，保证能调配出所要求的营养水平，同时应考虑饲料原料价格，在保证营养水平条件下，选择价廉质优的原料。在调配中可先按营养需要的98%比例计算，再用2%的机动比例调配，这样更易使营养成分平衡，减少运算。

试差法计算量较大，需要有较好的配方经验，但随着计算机在广大养殖户家庭的普及，都可以通过 Excel 软件来固定计算公式开展快速的计算、修改和调节配方，实用而且方便。

三、配制饲料时应注意的问题

（1）在配制貉日粮时，动、植物饲料应混合搭配　力求品种多样化，以保证营养物质全面，提高其营养价值和消化率。

（2）注意饲料的品质和适口性　发现品质不良或适口性差的饲料，最好不喂，禁止饲喂发霉变质的饲料。另外注意保持饲料的相对稳定，避免主要饲料原料的突然变化而引起动物采食下降或拒食。

（3）根据当地的饲养条件合理配合日粮　尽量选择价格便宜品质好的饲料，以降低饲养成本。

（4）加工鲜配合饲料时应在临近喂食前完成　减少饲料营养物质的破坏。

（5）配合日粮要准确称量，搅拌均匀　尤其是维生素、微量元素和氨基酸等，必须临喂前加入，防止过早混合被氧化破坏。饲料不要加水太多，过于稀的饲料会造成动物被动饮水，增加机体水代谢负担和微量元素的排出，同时冬季饲料要适当加温，以免结冻，引发貉肠道疾病的发生。

（6）动物的胎盘、鸡尾等含有性激素的动物性饲料，严禁饲喂繁殖期貉　否则易造成发情紊乱、流产等不良后果。

第四节　配方实例

一、饲料配制综合考虑实例

河北昌黎张老汉家饲养仔貉 500 只，为了配制良好的饲料，同时也降低饲养成本，张老汉选择了部分饲料公司生产的貉专业饲料，但考虑到节约饲养成本和增加饲料的适口性和多样性，张老汉还希望增加一些当地禽类屠宰厂的鸡架、鸡肠等加工副产品或海杂鱼，因为鲜饲料可以增加貉饲料的适口性，同时消化吸收比较好。张老汉注意到了鲜饲料的卫生和新鲜度非常关键，鱼一定是新鲜或冷冻好的鱼，鸡架、鸡肠一定是健康鸡屠宰后的产品，如果病禽的下脚料不健康，可能给貉带来疾病传染，如果是变质的海杂鱼，有可能会造成饲料的中毒，导致不可挽回的损失。其次，张老汉也算了一下成本，海杂鱼和下脚料相对价格还是比较高，在饲料中添加的比例不能太大，也需要选用一些干粉饲料，一方面可以通过饲料公司购买，当然也可以自己配制。张老汉选择了自己家蒸熟的玉米粉，蒸熟是为了提高适口性，同时避免貉采食生玉米后拉稀；为了增加饲料的多样性，张老汉还选择了一些豆粕，豆粕蛋白质含量较高，同时适口性不错，可以增加蛋白质的量，在配制饲料时还选择了小白菜，可以提高维生素的供给。考虑到了这些，张老汉就开始计算营养的比例，调制饲料了。下面是张老汉根据我们的推算方法做的一个貉生长期的饲料配方（表4－12）。

表4－12　饲料配制实例（貉生长期体重在3～4kg）

	蛋白质含量（%）	添加量（克/天·只）	提供粗蛋白量（克/天·只）
蒸熟玉米	8	80	6.4
豆粕	42	20	8.4
海杂鱼	20	30	6
鸡肠	10	80	8
白菜	1.2	50	0.6
添加剂	20	2	0.4
合计		262 克	29.8

　　海杂鱼、鸡肠和白菜中干物质含量较少，如果是体重更大的貉，采食量就需要增加，可以按比例增加不同饲料原料的饲喂量，保证貉能获得足够的营养。白菜中有部分维生素，

但还不能完全满足貂生长期的生理需要，必须另外添加部分微量元素、维生素、氨基酸等组成的添加剂。这样就算调制出了一个较适宜的貂生长期饲料。

二、貂典型鲜配合饲料配方实例

一个好的貂饲料配方必须具有好的适口性，能满足貂的生产生理需要，同时要尽可能经济实惠，以最小的投入达到最大的产出。貂典型的鲜饲料配方主体原料一般有两大类：一类是新鲜的动物性饲料，提供蛋白质、脂肪及能量等；另一类是谷物性饲料，一般都需经过膨化或熟制处理。此外，还需补充矿物质元素、维生素类及抑菌促生长抗生素等添加剂。

由于各地鲜饲料资源不同，其配方也各不相同。但其原则是尽可能根据当地的饲养条件合理配合日粮，利用当地现有的饲料资源，就地取材，以降低饲养成本。下面介绍一些较典型的饲（日）粮配方（表4-13、表4-14），供养貂个体户参考。

表4-13　貂鲜饲料推荐配方

使用阶段	膨化玉米	鲜杂鱼	鸡架或鸭架	鸡肠或鸡头	鸡蛋	狐狸预混料	油	合计
生长前期	40	20	15	20	0	4	1.0	100.0
冬毛期	45	15	10	24	0	4	2.0	100.0
繁殖期	35	30	24	0	6	4	1.0	100.0
泌乳期	30	40	25	0	0	4	1.0	100.0

注：添加剂（或预混料）主要为各种维生素、微量元素、益生素、酶制剂及抗生素等，下同

表4-14　貉泌乳期、育成期、冬毛生长期典型鲜配合饲料配方

（克/只·日）

原　料	泌乳期（母、仔兽）	幼貉育成期	冬毛生长期		
			9月	10月	11~12月
海杂鱼	100	50	50	40	—
畜禽内脏	60	30	80	40	50
玉米面和豆面	180	130	180	180	104
白菜	120	100	130	120	100
苜蓿	60	—	—	—	—
胡萝卜	—	—	—	—	40
牛乳和豆浆	320	130	150	170	150
鱼骨	20	10	—	—	—
骨粉	20	10	6.5	8	5
食盐	3.0	1.6	2.5	2.5	2.0
酵母	14	5	8.5	5	5
鱼肝油（国际单位）	800	500	—	—	—
每只每日量	922	469	608	566	456

（引自中国农业科学院特产研究所）

三、貉典型干粉配合饲料配方实例（表4-15）

表4-15　貉干粉饲料推荐配方及营养水平　　单位:%

原料	维持期	育成	冬毛期	繁殖期	哺乳期
膨化玉米粉	38	33.3	38.2	36	32.5
膨化大豆粉	6	8	10	12	10
赖氨酸	0.3	0.65	0.65	0.65	0.55
蛋氨酸	0.2	0.35	0.45	0.35	0.3

（续表）

原料	维持期	育成	冬毛期	繁殖期	哺乳期
肉骨粉	10	10	10	12	15
玉米蛋白粉	0	4	0	6	9
膨化血粉	4	0	0	0	0
羽毛粉	0	0	4	2	2
DDGS	32.5	29	26	30	30
小麦次粉	8	8	8	0	0
鱼粉	0	5	0	0	0
鸡油（或豆油）	0	1	2	0	0
添加剂	1	1	1	1	1
总计	100	100.3	100.3	100	100.35
营养水平					
代谢能（兆焦/千克）	13.36	13.71	13.96	13.82	14.07
粗蛋白质（%）	24.41	27.14	24.58	28.14	30.30
粗脂肪（%）	7.20	8.59	9.29	8.37	8.43
纤维（%）	4.44	4.20	4.08	4.41	4.34
钙（%）	1.02	1.28	1.00	1.16	1.37
磷（%）	0.71	0.86	0.72	0.78	0.89
赖氨酸（%）	1.34	1.81	1.60	1.70	1.65
蛋氨酸（%）	0.67	0.89	0.91	0.92	0.91

第五节　貉一般管理技术

　　貉的驯化时间短，野生特性明显，季节性生产具有自身的规律，貉养殖要想获得较好的经济效益，良好的饲养管理方法是非常重要的。饲养管理是一门综合科学，貉的生长、发育和生产都有其特殊的规律，依据貉的生理特征、生活习性及生产特点，制定科学合理的饲养管理规程是取得较高养殖效益的关键。

一、貉生产时期的划分

貉生理时期的划分有利于开展合理的生产管理，貉饲养管理是在正确的生理时期划分后，再进行针对性明确的细分管理，这样可以使管理更加准确到位，收到事半功倍的效果。根据不同年龄、性别的貉在不同的生物学时期的生理特点、营养需要、饲养管理的需要，一般进行如下生产时期的划分（表 4 - 16）。各生物学时期貉的营养需要和管理方法都有不同特点。

表 4 - 16　貉不同生产时期的划分

月份	1	2	3	4	5	6	7	8	9	10	11	12
公貉		配种期		静止期					配种准备前期			配种准备后期
母貉	配种准备后期	配种期					静止期		配种准备前期			配种准备后期
			妊娠期									
				产仔泌乳期								
仔貉				哺乳期			育成前期（生长期）		育成后期（冬毛生长期）			

二、貉的一般管理技术

貉的一般管理技术需要注意如下几个方面。

1. 注重定期卫生消毒措施，做好不同时期流行性疾病的

防控

家庭养貉场需要开展定期对环境、器具、车辆等的消毒工作，有些涉及到与外来人员和动物接触的人和工具，要每天进行消毒工作，不能有半点马虎和放松。在每年的1月初和7月初开展犬瘟热及细小病毒性肠炎的防疫工作，检测呈附红细胞体阳性的场每年还需进行投药灭虫等工作。

2. 根据貉生产时期特点，适时调整营养和体况

对各类貉而言，好的营养供给能保证好的体况，好的体况可以有更好的体质，对一般疾病有较好的抵抗力，同时为生产出更优的皮张打好基础。比如，仔貉生长期，需要提供体增重的各类优质丰富的蛋白质营养，保证其遗传性能的有效发挥，这个时期如果动物没有及时生长，等到冬毛期即使供给优质的营养，也难以补偿生长，这样会导致打皮时皮张较小，市场价格受到严重影响。配种前的母貉也需要调整营养和体况，保证配种成功。

3. 结合不同貉生产时期特点，做好繁殖成活工作

貉的养殖获益需要做好繁殖成活工作，如果用引来的仔兽进行商品皮的饲养，只会导致生产的亏损，因为引种来的仔兽一般是按照当年市场皮张价格来定价的，加上5~6月的饲养成本，想盈利希望渺茫。貉的繁殖成活一般要达到断乳成活5~6只，低于4只的断乳成活会导致生产成本的增加，盈利困难。繁殖工作需要全年性开展，初选复选终选种工作要持续开展，配种、妊娠及产仔保活等各类技术要综合应用。

4. 开展各类生产前的驯化和管理，增强体质，减少应激

貉具有一定的野生特性，即使在人工饲养条件下，也保

持着这些特点。开展各类生产前的人工驯化和管理，有利于增强体质，减少应激。如在产仔前，每天定时驱赶母兽，一方面增加运动，一方面加强动物人工干预的适应性，减少产仔期认为刺激后导致的母兽吃仔的现象；饲喂动物前给于动物喂食的信号，提前刺激动物胃液的分泌，有利于食物的更好利用。

5. 注重动物福利，做好防暑和防寒工作，保证饮水，给貉创造舒适的环境

舒适的环境有利于貉的健康和生产性能的发挥，这种投资在家庭养貉中往往容易忽视。农场主一般比较关注动物的疾病和产品的生产，对环境的关注和投入较小，这是一个误区。比较尖锐的动物福利如防暑，有时控制不好能导致动物的大量死亡，提前做好防暑工作，喷淋地下水进行环境降温，遮挡防晒网等措施都有很好的作用。防寒也是需要考虑的，冬季和繁殖期貉最好有窝箱，防寒垫草等。粪污的及时清理、饮水的清洁和随时供给、通风、安乐死等都属于貉的动物福利，综合提高动物福利不仅可以防止疾病发生，而且可以有效提高动物生产性能，为貉家庭养殖场提供优厚的利润。

第六节　各类貉不同季节的饲养管理

一、种公貉的饲养管理技术

种公貉生产目的主要是为了用来配种，传递优秀的基因。由以上生产时期划分可看出，种公貉的饲养管理可分为 4 个

大的时期。即：准备配种后期、配种期、静止期、准备配种
前期。如果种貉淘汰用作皮兽，准备配种前期就为冬毛生长
期，是针对生产目标来划分时期的。因为冬毛生长期为成龄
公、母貉及当年幼龄貉共同必经时期，又是关系毛皮生长的
重要时期所以单独进行阐述。

● **（一）　种公貉准备配种期的饲养管理** ●

　　从9月底到翌年的1月底，是种貉的准备配种期。每年
秋分（9月21~23日）以后，随着日照时间的逐渐缩短和气
温下降，貉的生殖器官及与繁殖相关的内分泌活动逐渐增强，
生殖腺从静止状态转入生长发育状态。生殖器官先期发育较
慢，而冬至（12月21~23日）以后，随着日照时间逐渐增
加，内分泌活动增强，性器官生长发育速度也加快，到次年
的1月底或2月初，公貉睾丸就可以产生成熟的精子。公貉
的体重在准备配种期也有很大的变化，前期（10~11月）种
貉的体重不断增加，到12月为最高，次年1月份体重开始下
降，配种期体重下降特别明显。

　　在9~10月这段时间一定要保证貉饲料的足量供应，质
量不必过高，但数量要充足。一般每只貉干物质饲喂量为
240~300g，其中，动物性饲料占20%为宜，保证蛋白质水平
在24%左右，脂肪含量在9%以上，有利于貉贮藏足够的脂
肪过冬，参加下一年的配种。秋冬季节貉可以日喂2次，早
喂日粮总量的40%，晚喂日粮总量的60%，到12月要使种貉
达到中等肥的状态，毛管发亮；从12月到1月初这段时间，
种貉的食欲下降进入半冬眠状态，在此期间每天可只喂一次，
日采食量为干物质200g左右，也可以隔日喂一次，但要保证

饮水（可投给干净的冰雪碎屑）；从1月初开始要增加日粮中
动物性饲料的比例，占日粮总量的30%左右，一日喂一次，
在此期间还要注意调整种貉体况。实践证明，种貉的体况与
繁殖力有密切关系，过肥或过瘦都会影响繁殖，特别是过肥，
危害性更大。就种貉的发情与配种情况看，在配种前种貉的
体况以中等或中下等为宜，这样体况的公貉性欲最强。从外
观上估计种貉的体况，可以分为如下3种情况：过肥体况，
逗引貉直立时见腹部明显下垂，下腹部积聚大量脂肪，腿显
得很短，行动迟缓；中等体况，身躯匀称，肌肉丰满，腹不
下坠，行动灵活；过瘦体况，四肢显得较长，腹部凹陷成沟，
用手摸其背部可明显感觉到脊椎骨。如果用肉眼观察缺乏经
验，可用称量种貉体重与测量体长来确定其体况，用种貉的
体重（克）除以体长（cm）所得指数，即体重指数来评价貉
体况是否适宜。体重称量以清晨空腹为准，体长测量为鼻尖
至尾根的直线长度。在配种前种貉的体重指数保持在 100 ~
110g/cm 较为理想。

在12月至次年1月，要保持貉舍的安静，尽量减少人为
的干扰，保持其野生的非持续冬眠特性，从1月中旬开始要
适当增加种貉的运动量（增加人为的驯化），驱赶动物使貉多
在笼箱走动，也可以放入一些玩具，引诱动物多运动来增强
体质，配种期把母貉笼安放在公貉笼边，以增加异性刺激，
这样有利于提高公貉的性欲。

配种前种公貉需要适当添加鸡蛋、海杂鱼、蔬菜等含优
质蛋白和维生素及微量元素丰富的饲料，也可以添加预混饲
料来补充氨基酸、微量元素和维生素。为刺激貉发情，也可

适当加些食盐、葱、蒜之类的饲料。

在整个准备配种期（9月底至翌年1月底），貉舍要保持自然的光照量，不宜人为增加或减少光照时间（如夜间在貉舍内用电灯照明等），这样可保证种貉生殖系统正常发育，按期发情。

● （二）种公貉配种期的饲养管理 ●

1. 种公貉配种期的饲养原则及建议饲料配方

配种期的种公貉精力消耗大，既要让其吃好有充沛的精力与体力，完成繁衍后代的责任，又不能使其过于肥胖而影响其性欲和交配能力。在其饲料中可适当添加能促进精细胞发育的饲料，如海杂鱼、鸡蛋、大葱等。推荐参考饲料以每天每只貉饲料量为例：杂鱼200g或鱼粉50g，鸡骨架或鱼排150g，熟化玉米面和豆面分别为40、20g，白菜、胡萝卜分别为100、25g，牛奶或豆浆200g，盐2.5g，蛋25g，貉饲料专用预混料5g，主要补充微量元素和维生素。对于直接购置繁殖期商品饲料的用户，可以适当代替添加15%左右的海杂鱼、鸡蛋等优质蛋白质饲料。

2. 种公貉配种期的管理

（1）制定配种计划　在前期选择优化的基础上，为了不断提高貉群的品质，在配种期充分发挥公貉的作用，使母貉全部配上种，就需要制定合理的配种计划和正确掌握配种的进度。这对一年的繁殖成败起着关键的作用，所以，必须制定科学的配种计划，应注意下面几个问题。

对于存栏数在百只以上的家庭养貉场公貉可少留些，一般公母比例为1：3或1：4，这样既可以完成配种任务，也相对降低了公貉饲养费用。

要检查一下全群种貉的系谱和历年发情配种情况，本着防止近亲交配的原则，合理搭配公母貉的配对方案。一母应有两只以上没有血缘关系的公貉准备与之选配，以防止母貉因择偶而造成漏配。

选择配对方案时还应注意，公貉的毛绒品质一定要优于母貉，毛色公母应尽量一致。

公母在体形上的选配方案，应以大配大，或大公配中母，中公配小母为原则。

不能采用同一性状有相反缺陷的公母貉配对，因为这种做法不能纠正公母貉中的某种缺陷。

（2）公貉性行为与发情检查　公貉的性行为：同其他动物一样，公貉表现为性激动、求偶、勃起、爬跨、交配、射精至交配结束的全过程。公貉的睾丸 5 ~ 8 月处于萎缩状态，仅有黄豆粒大小，直径为 3 ~ 5 毫米，坚硬无弹性，附睾中没有成熟的精子，阴囊布满较浓密的被毛，睾丸紧贴于腹侧，外观不明显。从 9 月下旬睾丸开始发育，但发育缓慢，到 11 月下旬直径仅达 16 ~ 18mm。冬至以后睾丸生长发育速度加快，1 月末至 2 月初直径可达 25 ~ 30mm，触摸时松软而有弹性，阴囊下垂，明显易见，阴囊上的被毛稀疏，附睾有成熟的精子。到 2 月中旬，公貉表现出明显的性行为，进入发情交配期。此期可持续 60 ~ 90 天，但并不是始终保持性欲，在配种前、中期会出现周期性的性欲高潮，后期性欲逐渐降低，性情变得粗暴，有时扑咬母貉，但对发情好而性情温顺的母貉还可以达成交配。到 4 月下旬睾丸开始萎缩，5 月恢复到黄豆粒大小。

对公貉的发情检查：应在 1 月末开始，要检查其睾丸是否发育正常。检查时可抓住公貉的尾部将貉倒提起，然后用另一手触摸其腹后部（肛门与尿道口之间靠近肛门一侧），即可摸到两侧对称的睾丸。发育正常的睾丸直径可达 25 ~ 30mm，呈卵圆形，手感松软而富有弹性。阴囊下垂，明显易见，阴囊上的被毛稀疏。如发现摸不到睾丸的公貉为隐睾，隐睾者无配种能力。睾丸如果发育不好，很小，坚硬，无弹性，都会使公貉丧失性欲，不能参加配种。

（3）种公貉的合理使用　种公貉一般在整个配种期可配 3 ~ 4 只母貉，交配 5 ~ 15 次，多者高达 20 多次。在配种前期，由于发情的母貉数量较少，可选发情早的公貉与之交配，每日每只公貉可接受 3 ~ 5 次试情性放对和 1 ~ 2 次配种性放对，每日只能达成一次交配，以保持公貉的配种能力。试情放对时要注意防止未发情的母貉扑咬公貉，发生咬斗时应立即把母貉抓出。如果公貉爬跨母貉时，母貉犬坐在笼底或不抬尾，不要让公貉长时间做交配动作，性急的公貉，长时间配不上会滑精或误配。在配种中期，母貉发情的较多，而公貉还有复配的任务，配种工作显得很紧张，这时公貉一天可交配 2 次，但每次交配间隔时间不能少于 4 小时，间隔期要给配种的公貉少加些含蛋白质较高的补饲料（如少量鲜奶），公貉连续交配 4 ~ 5 天者，要让其休息 1 ~ 2 天。在配种的旺季，还应注意选择发情好、性情温顺的母貉与初次参加配种的小公貉交配，锻炼小公貉配种能力。年幼的公貉在交配成功后，就能顺利地与其他母貉交配。在小公貉性欲好的情况下应适当让它多配几次，不要抑制其性欲，但也要控制配种频率。在调教小公貉配种时，要做好保护工作，以免其被烈性母貉咬伤，受到惊吓的小公貉或者害怕不敢与母貉交配，或者咬伤母貉，养成这种恶习的公貉很难再利用。在复配任务较重的情况下，还可以利用性欲较差的公貉完成复配任务，这样可以充分发挥所有公貉的作用。由于复配期间，母貉多数比较温顺，也愿意接受交配，可用性欲差的公貉代替性欲强的公貉复配，这样可让配种能力强的公貉多与难配的母貉和初配者交配，从而使整个配种工作顺利完成。这种多公复配法只能用于后代取皮的母貉，后代留种的母貉不能这样复配，一定要一公一母完成复配，否则后代的谱系不清，无法留种。在放对过程中为了减少貉子的咬伤，可以在母貉放入公貉笼内之前，先让公貉隔笼闻闻母貉的阴部，如果公貉发出"咕、咕、咕"的求偶叫声，说明公貉对该母貉有兴趣可以放入，如果公貉发出"哈、哈、哈"的叫声，说明公貉对该母貉很反感，放入一定会咬。在配种的后期，多数公貉性欲下降，性情变得粗暴，有的甚至形成狂咬母貉的恶习，所以，要注意挑选那些无恶习的公貉来完成最后的配种任务。

目前貉的人工授精技术也逐步成熟，这样可以养少量的种公貉，节约饲料成本，同时也可以大量利用优良种公貉基因，是未来貉配种生产的方向。人工授精由于公貉精液配种母貉比例大，容易导致未来近亲繁殖，所以，特别要记录好系谱，选种选配时考虑杜绝近亲交配，小型养殖户要适当换种开展人工授精。

（4）种公貉的假配识别和精液检查 初养貉者在种貉交

配时还应注意观察是否真正配上。有时公貉的交配动作很明显，但阴茎没有置入母貉阴道或误入肛门，从而也能出现射精动作，如果对这种情况不能加以正确的区别，会导至母貉漏配。假配的原因主要是公貉性欲过强，急于达成交配而母貉在交配过程中配合的不好所造成的。识别貉子是否真配并不困难，应注意以下几点。

一般出现明显的交配动作，配后母貉即翻身与公貉腹面相对，交配完毕后母貉外阴部可见充血，充满黏液，交配时间超过两分钟以上者，可确认为交配成功。

如果是假配，公貉交配行为表现不激烈，公貉目光发贼，并东张西望，稍有惊动或母貉挣扎即分开。

误配是指公貉阴茎误入母貉肛门，此时母貉无痛感，不发出正常交配过程中的呻吟声，母貉也不翻身与公貉腹面相对黏合，配后母貉外阴部没有任何变化。

判断貉子是否真配最科学的方法是检查公貉的精液品质，其方法如下：检查精液要在室温 25～30℃ 的室内进行，室内要保持清洁。如果只是想确定貉子是否配上（或者说公貉是否射精），只需用玻片在刚配完的母貉外阴部表面沾取一些精液即可做显微镜检查。精子观察一般用 400 倍左右显微镜即可。首先确定有无精子，如发现有精子，并且活动，说明公貉已经射精，交配确实。如果需要详细检查一下公貉的精液品质，则要吸取公貉的一滴精液，先用棉花擦净刚配完母貉外阴部的尿液，然后用玻璃吸管插入刚配完的母貉阴道 10～12cm 处，吸取精液待检。精液的检查，一般分下列几个方面。

　　精子的活力：将精液滴在玻片上，在 37～38℃ 的显微镜恒温箱中估测有前进运动的精子百分率，也称为活率。一般放大 300 倍左右，采取 0～10 的十级评分。例如，8 分等于80% 的精子做前进运动，0 分表示精子完全死亡或失去活力，凡呈现旋转或在原位摆动的精子，均应和前进运动严格区别。一般所指的活精子应是前进运动的精子，表示其有受精能力。旋转运动的精子往往是因冷休克或稀释液不等渗压造成的，有可能恢复正常运动，但摆动的精子是濒于死亡的征兆。

　　精子的浓度：指单位容量（每毫升或微升）含有的精子数目，这与活力共同成为精液评定的主要指标，由此可算出每次射精的活精子总数，也称为精子密度。浓度检查一般采取血球计数法，将精子样品加入血细胞计数器，在计数器上随意选择 50 个方格进行计数，并换算出每毫升精液中所含有精子的总数。

　　异常精子：在精液中常出现多少不等的异常精子，如头部损坏，膨胀或皱缩，颈部弯折，纤细或膨大，尾部卷曲或断裂，也可以见到无头或无尾，双头或双尾。如果这些精子超过 20%，就会影响貉的繁殖力。检查异常精子时，应放大500 倍以上，并防止因冷休克引起的变化。

　　精子的存活（时间）：指精子经稀释后在一定条件下维持生活的时间（以小时计），既是公貉受精能力的一个重要指标，而且常作为某一稀释液利用价值的测验方法。通常把稀释精液置入冰箱或一定的低温中，可每天定时（一般每隔 8～12 小时）取出，在 37～40℃ 评定精子活力，一直到精子全部死亡或只有摆动为止。

● （三）种公貉静止期的饲养管理 ●

进入静止期的种公貉，一方面因为配种期体能消耗大，需要补充能量加强饲养；另一方面因为其年度主要任务已完成，剩下时间只要低水平维持即可，待到下一轮繁殖准备时再进行加强喂养，在配种期间发现不中用的公貉下年度不做种用，准备淘汰，按皮兽水平喂养即可。管理上无特殊要求，按日常管理方法进行即可。

二、繁殖母貉的饲养管理技术

母貉的饲养管理可如表 4 – 1 划分为几个大的时期进行。母貉繁殖期管理的好坏直接关系到一年养殖的成败和经济效益。

● （一）母貉准备配种期的饲养管理 ●

母貉在准备配种期内需充分摄取营养，使身体处于最佳水平，才有利于下一步的发情、排卵和交配，所以本时期的饲养管理对貉场一年生产很重要。

这一时期随着光照的变化母貉的外生殖器官和内部激素水平有很大变化，卵巢中开始产生成熟的滤泡，体重也不断增加，直到第二年 1 月为止，开始下降。母貉准备配种期除应注意和公貉一样的几点外，还应特别注重对母貉体况的调整，使其肥瘦合适；另外可在不过分惊扰母貉的前提下，认真观察母貉外生殖器官的变化是否明显，再给予相应调整。推荐参考饲料配方每天每只为：杂鱼 200g 或鱼粉 50g，鸡架或鸭架 100g，膨化玉米面 100g，白菜、胡萝卜分别为 50、

15g，牛奶或豆浆 100g，盐 2.5g，专用预混料添加剂 3g。

● （二）母貉配种期的饲养管理 ●

1. 母貉配种期器官的发育及表现

母貉从 9 月下旬卵巢结束了静止状态，开始生长发育，到 1 月末或 2 月初卵巢里能产生成熟的滤泡和卵子，其外阴部表现出阴毛分开，阴门肿胀外翻等发情表现。母貉发情最早的在 1 月末，最晚的在 4 月上旬，个体间差异很大。其中笼养繁殖经产母貉发情交配较早，旺期多在 2 月中旬；笼养繁殖的初产母貉次之，旺期在 2 月下旬至 3 月上旬；野生貉发情较晚，且个体间差异较大，最早的在 2 月中旬发情，最晚的在 4 月上旬发情。所以，第一年捕捉野貉做种的应特别注意防止漏配；也可通过采取药物催情或同期发情技术进行控制。

貉属于季节性单次发情动物，即在发情季节里，每个个体只有一个发情周期。其中，发情前期一般为 8 ~ 10 天，发情持续期 2 ~ 4 天，并在此期间多次排卵、接受交配。发情持续期过后，母貉当年不再发情。结合母貉配种期的生理特点，其饲料配方建议每天每只为：杂鱼 200g 或鱼粉 70g，鸡架或鸭架 60g，膨化或熟化玉米面和豆面分别为 80g，白菜、胡萝卜分别为 60、25g，牛奶或豆浆 120g，骨粉各 15g，盐 2.5g，专用预混料添加剂 3g。

2. 母貉的发情检查

母貉配种期应进行发情检查，在人工放对配种之前，对种貉进行发情检查是必需的。检查的正确与否，直接关系到能否适时配种，所以，饲养者一定要正确掌握种貉的发情鉴定方法，这是顺利完成配种的保证。

母貉的发情检查较复杂，要根据母貉的活动状况，外生殖器官变化情况和放对试情 3 方面结合鉴定。

在配种前期，饲养员除每天喂貉外，要多留心观察种貉的活动情况，在发情期间，种貉多表现走动不安，时常发出"咕、咕、咕"的求偶叫声。如果公母邻笼，则互相引逗，频尿，常常使笼网挂上一个由淋尿冻成的大冰溜，这是发情的前兆。当母貉真正发情时，多数都食欲减退，有时还可看到邻笼公母貉相互扒、咬笼网，急于交配的情景。发情好的公母貉，晚间甚至不在产箱内睡觉，而相互隔笼紧靠，当公貉发出求偶叫声时，母貉会趴在笼底不动，将尾翘向一边。如果见到这种情况，可以把母貉抓出放入公貉笼内，很快即可达成交配。母貉发情时，性情变得很温顺，捕捉也比日常容易。

母貉的外阴部检查，从 1 月末开始，首先应对全群母貉做一次普遍性的检查。并根据其外阴部的形状做好记录。母貉外阴部发情变化，大多数有一定的规律。其中，经产母貉比较明显，初产母貉较差。检查的方法如下：先将母貉抓住，在肛门的腹侧可见到阴门。首先要看阴门的盖毛是否分开，阴门是否外露，这是判断母貉是否开始发情的重要标志。在静止期，母貉的阴部是被阴毛盖着的，从阴毛分开阴门显露到母貉可以接受交配，一般需要 8~10 天，最短 3~4 天，最长可达 25 天。阴毛分开可用"＋"号表示，未分开则记"－"号表示。从母貉的阴毛分开之后，其外阴部发情变化可分为三个阶段：第一阶段（发情前期），外阴部明显外露，阴门稍发红，呈圆形，过2~3天，阴门红肿，具有弹性，呈粉红色，可记为"＋＋"，这时可以放对试情，以免漏配，但此期母貉不一定接受交配；第二阶段（发情期）此期持续2~4天，是母貉的性欲高潮期，母貉阴门高度肿胀外翻，呈圆形或椭圆形，阴门两侧上部有轻微的皱起，阴门色泽变深，呈暗红色或紫色，并有黏液从阴门里流出，可记为"＋＋＋'，放对可以达成交配；第三阶段（发情后期），指母貉发情期已过，外生殖器官逐渐萎缩的时期，一般交配过的母貉2~3天，个别长达20多天。未配上的母貉阴门肿胀外部消失得较慢，但性欲急剧减退，多数母貉此期阴部污秽不洁。

观察母貉活动状况和检查母貉外生殖器官变化情况是发情鉴定很重要的依据，但不是所有母貉都非常典型的表现上述情况，少数母貉甚至在发情时其外阴部表现也很不明显，如果按照常规检查只能定为"＋"或"＋＋"，但此时放对却可达成交配。遇到这种母貉如果不及时放对，则会错过发情期，从而漏配。这样的母貉称为"隐蔽发情"，多为新近捕获的野生貉或当年留种的初产貉。所以，在检查母貉发情时，最好不要过分依赖母貉外在行为表现和外阴部的变化情况，最重要的还是要以放对试情为准。

放对试情就是把母貉抓进公貉笼中进行异性实际接触，观察双方的性行为表现，从而确定母貉是否真发情。放对试情时，一般要选择性欲旺盛的公貉。放对后如果公貉马上追逐母貉，并发出咕咕的求偶声并且爬跨母貉，母貉站立不动，尾翘向一边，说明该母貉已到发情期，可以接受交配，也可以另选一合适公貉与其交配。如果公貉追逐母貉时，母貉不停地走动，当公貉爬垮时，母貉呈犬坐姿式坐在笼网上，说明该母貉发情还未到时候，但已接近发情期了，出现这种情况可隔日再放对试情，如果放对后母貉扑咬公貉，或当公貉准备爬跨时，母貉拒配，说明母貉无性欲，可以隔3~5天再放对试情；也有当检查母貉外阴部发情表现很明显，放对后拒配，但给该母貉换一个公貉，则很快达成交配，这种现象叫做"择偶性"，有择偶性的母貉并不多，但要注意，以防漏配。

放对试情的时间一般只需3~5分钟即可看出结果。如果放对后，公貉不是马上追逐母貉，而是东闻闻，西闻闻，或是频频往母貉身上淋尿，不急于交配，往往是因为放入的母貉尚未发情的原故，或公貉对它不感兴趣，要及时更换，免得浪费时间。放对试情时，人要站得远一点观察，免得影响试情效果。特别是野生貉的放对试情，人一定要隐蔽起来观察。

3. 母貉的配种

在发情检查和试情过程中，如果确认为母貉发情了，一定要尽快达成初配，否则发情期一过，当年就配不上种。初配一般较复配困难，从放对到达成交配的时间也较长，交配的时间往往比复配短。交配过程中公貉占主动，当公貉追逐、求偶、性激动起来以后，发情好的母貉一般会站立不动，等待公貉的爬跨。当公貉的前肢爬跨到母貉腰间时，母貉的尾即甩向一边，使阴部外露，接受交配，这时公貉后躯频频抽动，将阴茎置入母貉阴道（在公貉阴茎置入时，母貉也做与其相应的配合，使阴茎能够顺利地插入），置入后，公貉后躯

紧贴于母貉臀部抽动更加有力，然后臀部内陷，两前肢紧抱
母貉的腰部，两眼眯离，尾根轻轻扇动，静止 0.5～1 分钟，
即为射精。射精后公貉阴茎根部明显膨大，形成一个环状的
勃起块，使母貉因胀痛而发出"哼哼"的呻吟声。在公貉射
精后，母貉多数由站立转为腹卧，然后翻转身体，与公貉腹
面相对，黏合一段时间，黏合过程中母貉有轻微的挣扎现象。
也有个别母貉在交配过程中不翻身，也不挣扎，多数是因为
母貉怕人或受环境影响出现的性抑制所造成的，并不影响配
种质量。种貉交配的黏合时间一般为 5～10 分钟，其黏合闭
锁现象不如狗和狐时间长，但个别配对闭锁现象也很牢固，
有时一只貉把另一只貉拖到产箱内还未分开；黏合一段时间
后，随着公貉阴茎的萎缩逐渐分开。公貉的射精较快，在配
上 1～2 分钟即可完成，所以交配时间超过两分钟以上者，即
可认为交配成功。

4. 母貉交配异常的处理方法

以上描述的是正常顺利交配的情况，还有些母貉在接受
交配时不会抬尾，这样的母貉多数是初次参加配种的小貉。
当公貉爬跨时，也站立不动，但尾却挡在阴部，看到此种情
况，应把母貉抓出，用细绳将尾尖扎紧，然后将绳绕过母貉
的脖子再与扎尾尖的绳头结好，使貉尾歪着吊在身体的一侧，
再放对即可达成交配。对个别特难配的母貉，必要时可采取
强制交配。其方法是选一只性欲强，会配种，不怕人的公貉，
将母貉放入其笼内，让其爬跨一、两次之后马上取出，以挑
起该公貉的性欲，然后将母貉的尾吊起，用绳将嘴捆住（防
止咬手），左手抓住貉的嘴巴（戴手套），右臂托住母貉腹部，

手掌伸开托住盆腔，食指和中指分开靠近母貉的阴部，将母貉放入公貉笼内，此时公貉会很快爬跨交配，（因公貉在交配欲很强时，多数对人不理睬），在公貉爬跨的同时，人手要不断调整方向，使母貉的阴部对准公貉阴茎，当公貉阴茎插入母貉阴道时，要固定母貉不动，并使阴部放低些，这时公貉会顺利地射精，当公貉射完精后，可以放手让其自行黏合弥留。第二天复配时，往往能自然达成交配。

5. 母貉配种需要注意的方面

放对配种的时间可根据饲喂的情况自行选定，放对前饲养员应使貉子先活动起来，一般在喂食前放对，每天可放对两次（上下午各放对一次），天气越暖和貉子性欲越差，放对最好选在清晨或黄昏进行效果较好；天气寒冷或阴天、下雪，种貉则异常活跃，性欲强，全天任何时间均可放对，越是不好的天气，越要抓紧时间争取多放对，多配种。在母貉达成初配后，应连续 2～3 每天再复配一次，这样可以减少空怀率和增加胎平均产仔数。在每天的放对配种时，应先安排种貉进行复配，复配进行得很快，当天的复配任务完成后，再集中精力搞好新发情母貉的初配工作。在复配工作中如发现母貉外阴部有明显萎缩迹象时（第 2 天可能过时），也可在一天复配两次，然后结束配种。此期间管理除注意发情检查、试情、配种外，还应注意防止工作大意导致跑貉、防止疾病通过貉的密切接触而传播、随时将配完进入妊娠期的貉分群管理等重要问题。

● （三） 母貉妊娠期的饲养管理 ●

交配结束后，母貉立即进入妊娠期，此期 60 天左右。

妊娠期母貉要做到营养全价、饲料易于消化、适口性强，特别要注意饲料品质要新鲜。日粮配合特点是，饲料种类尽可能多样化，日粮要含有足够量的蛋白质、各种微量元素和矿物质，但脂肪和谷物的含量不要太高，防止过肥造成难产。喂量要随着妊娠期的进程逐渐增加。在妊娠前期，由于母貉子宫内的受精卵只限于细胞分裂阶段，并且是游离状态，母貉不需要大量的营养物质，但营养要全价。所以，这段时期可保持配种期的饲养标准，不要马上增加饲料量，否则会造成母貉妊娠前期过肥，不利于胚泡着床，降低胎产仔数。

母貉妊娠 15 天以后，胚胎发育逐渐加快，这时母貉食欲旺盛，可逐渐增加饲料量，但也要循续渐进，不能一下喂太多。饲料品质一定要新鲜，腐败变质或有疑问的饲料绝对不能喂貉。母貉在妊娠期，日粮中维生素 A 的需要量要保证 2 500 单位/（天·只），维生素 B 可用干酵母代替，每天每只 5 ~ 7g，维生素 D 300 ~ 400mg，维生素 E 5 ~ 10mg。为保证母体内胎儿骨骼的发育，还要在日粮中加 10 ~ 12g 骨粉。妊娠期要根据不同母貉体况肥瘦，灵活把握饲料喂给量，使母貉既保证胎儿发育的营养需要，又不能吃得过肥，过肥的母貉会发生胚胎吸收或流产现象，而且产仔后多数泌乳不足。整个妊娠期应保持母貉中上等体况为宜。

妊娠期母貉，性情变得温顺，不愿活动，时常在笼内晒太阳，这时饲养人员要多同母貉接触，给予貉适当的良性刺激。如给母貉挠痒痒，经常打扫笼舍产箱，经常换水等，通过这样的驯化，可使貉对人减少恐惧感，还可适当增加母貉在妊娠期的运动，防止母貉产仔时发生难产。饲养员与母貉接触时间长了，母貉便不怕人了，这也便于产仔期的饲养管理。

妊娠后期胚胎发育最快，40 天后，母貉腹部下垂膨大，腰部背脊凹陷，后腹部毛绒竖立，形成纵向裂纹，50 天后，腹部乳腺周围的毛即向四周分开，而且行动迟缓，不愿出小室活动，临产前常蜷缩于小室箱内，并有做窝的观象。此时要对产箱彻底清理消毒。产箱消毒可用 1% ~ 2% 浓度的苛性钠水刷洗，等产箱晾干后，要铺柔软清洁的垫草（如山草、乱稻草、软杂草等），产箱的底部和四周一定要严实，不透风。

为了避免母貉妊娠后期过分充满的胃肠压迫子宫，影响胎儿营养的正常吸收，妊娠后期母貉最好每天饲喂 3 次，少食多餐，妊娠后期母貉时常感觉口渴，笼中必须经常保持有洁净饮水。

母貉妊娠过程中还会发生胚胎吸收和流产。胚胎吸收是指妊娠早期某些胚胎停止生长而被母体吸收，吸收可分全部吸收和部分吸收；流产则是妊娠中、后期胚胎死亡，由于胚胎较大所以发生流产，流产全胎都会死亡。在配种进行良好的情况下，造成胚胎死亡的原因可能是由于母貉饲料营养不够所造成的。在维生素 A 不足的时候，子宫上皮的角质化可以破坏胚胎的营养，这就造成胚胎的吸收。维生素 B 在怀孕期间也有很重要的意义，在妊娠初期维生素 E 不足也会使胚胎大量吸收。

流产是多方面原因所引起的，外界突然的刺激（如饲养人员衣服颜色鲜艳，巨大响声等）造成母貉发生惊恐、捕捉母貉时造成的伤害以及吃下品质不良或上冻的饲料等缘故。流产多数在母貉怀孕 35 ~ 40 天后发生，在怀孕 45 天以后的流产通常属于早产。发生流产的表现是，母貉精神不振，一两次拒食，以及笼箱中或笼下有血迹，晚期流产有时可以看到母貉产下发育完整的死胎，胎儿头比较大，胎毛呈灰白色。母貉流产后通常要吃掉流产的胎儿，如果吃掉的流产胎儿较多，母貉粪便呈现出深绿色。当发现母貉有流产征兆时，要及时找出原因，改善饲料的营养品质，纠正错误的管理方法，对流产的母貉对症治疗，尽量少用保胎药物。

在此期间管理重点是给母貉创造一个安静舒适的环境，以使胎儿正常发育。貉场应保持肃静、谢绝参观。平时注意貉群的饮食、粪便及活动情况，发现有流产表现的，肌肉注射黄体酮 15 ~ 20mg、维生素 E 15mg，以利保胎。

● **（四）母貉产仔泌乳期的饲养管理** ●

在貉的产仔期要安排昼夜值班，重点观察预产期临近的母貉、遇有难产的母貉和需要代养的仔貉，可及时采取措施。饮水的供应必须得到保证，不然会发生口渴的母貉食仔现象。母貂妊娠 60 天左右开始产仔。貉在临产前多数减食或拒食 1 ~ 2 顿，并伴有痛苦呻吟声，新养殖户不必惊慌，可以少量提供一些适口性好，易消化的动物性饲料，如鸡蛋、鲜鱼、鲜奶、鲜肉等。产仔多在夜间或清晨进行，产程 3 ~ 5 小时。胎平均产仔数 6 ~ 9 只，初产貉胎平均低于经产貉。仔貉初生重一般 110 ~ 120g，体重过轻或弱小的仔貉成活率低。母貉产仔后，头一两天很少走出产箱，除在没有人时走出产箱吃食外，其余时间均在产箱中安静地哺育仔貂。母貂产后一般需要哺乳 55 ~ 60 天，在这期间，母貂要消耗体内大量营养物质，保证仔貂哺乳，这就需要供给母貂优质饲料来补充体内消耗，所以泌乳期饲养管理的好坏，直接关系到母貂健康和仔貂成活。

　　仔貂出生后 1 ~ 2 小时，胎毛即可被母貂舐干，继而可以寻找乳头吃乳，吃饱初乳的仔貂便进入沉睡，直至再次吃乳才醒来嘶叫。初生仔貂 3 ~ 4 小时吃乳一次。有些母貂不在产箱内产仔，而将仔貂产在笼内，然后叼入产箱，有个别母貂甚至把仔貂全部产在笼网上，发现这种情况要及时把产出的仔貂拿到温暖的地方，迅速将胎衣除去，用消过毒的剪刀断剪它的脐带，用棉纱擦干仔貂全身，等仔貂全部产出后，再把仔貂送给母貂，看它能否在产箱内很好哺乳，假如母貂不哺乳，或乳腺发育不好，要把所产仔貂全部代养。

产后 5～10 天，是仔貉死亡率最高的时期，所以，产后除必要人员外，其他任何人不得接近貉舍。对于经产的母貉，由于它有抚育仔貉的经验，产仔后可不必急于开箱检查仔貉情况，可以通过窃听，判断仔貉是否正常。产后仔貉很平静，只是在醒来未吃到奶时才叫，叫声短促有力，一但找到母乳便不叫，吮起乳来仔细听可听到仔貉有力的吮乳咂咂声，这说明一切正常。产箱中完全寂静的时候，轻微的一阵响声就可使母貉不安，于是它会离开原处，因而引起仔貉的叫声，这说明仔貉还活着。如果总是听到仔貉嘶哑的叫声，母貉在产箱内不安宁，时而走出产箱，说明仔貉吃不饱，或母貉泌乳有问题，这时必须开箱检查仔貉情况。对于初产母貉或认为有问题的母貉，最好在产仔结束后，马上检查仔貉。母貉一般在产后的头一两天内，护仔性还不是很强，当给母貉喂食时，开箱查看仔貉情况，母貉不十分在意。等过几天后，再开箱母貉就容易叼仔乱跑。往往有这样的仔貉，生下来是活的，但发育很弱，假如不及时采取措施抢救的话，在检查前就已死去。判断仔貉死亡的时间，有一方法；将死胎解剖，取出肺放入水中，如果肺叶浮起，说明死前曾呼吸过，是产后死亡，如果肺沉入水底说明胎儿无呼吸，产出即死亡。假如母貉是在清晨或白天产仔，进行仔貉的检查不应晚于产仔结束后的 3～4 小时，假如分娩是在晚间进行，要在清晨喂食时检查。只有在天气恶劣的情况下（下大雪、严寒的时候）或母貉很恋窝，赶也不出来的时候，检查仔貉才会延期，这样可以较早发现吃不上乳和软弱的仔貉，及时采取抢救措施，减少仔貉的损失。

第一次检查最好是在喂食的同时进行，这时母貉大部分会自动走出产箱采食。产仔泌乳期日粮配合基本与妊娠期相同，但为促进泌乳，可在饲料中补充适量的乳类（牛奶、奶粉、羊奶等）。此期饲料加工要精细，浓度要稀，满足其食量，无剩食为宜。

应当在母貉吃上食后再检查。如果在其他时间进行检查，最好把母貉从产箱中引出，并给以少许好吃的饲料，以便分散它的注意力。当母貉引不出来时，可以把食槽放在产箱口处，人站得稍远一点安静地等待，当母貉听不到动静时，便会走出产箱吃食，这时要赶紧关上产箱门，迅速开箱检查仔貉。上述办法都不能使母貉离开产箱时，可用一仔貉放在其笼外，当仔貉嘶叫时，母貉会很快走出产箱寻仔，这时可检查产仔情况。首先看一下产箱的垫草是否充足，如果垫草少则做不成窝，有时仔貉会睡在无草的木板上，很容易冻死。健康的仔貉大小均一，毛色较深（黑灰色）抱团睡在窝内，拿起在手中挣扎有力，腹部饱满，叫声宏亮，体弱的仔貉大小不一，毛色较浅（灰色），绒毛潮湿、蓬乱，拿在手中挣扎无力，叫声嘶哑，腹部干瘪。发现弱仔要及时处理，否则仔貉很容易死亡。有些仔貉在产出后由于没有得到母貉的及时护理，或被抛到产箱的一角，很容易冻僵，像死的一样，这时可将冻僵的仔貉拿到室内保温，擦干胎毛，喂给少量维生素C溶液，很快即可恢复正常。还有一些母貉，产仔较多，产后没有及时咬断仔貉脐带，而使脐带绕到仔貉脖子上，如不及时发现，仔貉会被脐带勒死。发现这种情况应马上剪断脐带，将仔貉救出。已经死亡的仔貉要拿出产箱。检查仔貉的时间不能过长，并尽量保持巢内原状，捉拿仔貉的手要干净，不能有异味。

刚产出的仔貉可以毫无痛苦地忍受4~5小时的饥饿，但是，如果仔貉已经吮乳了，喂乳间隔时间不应超过2~3小时，否则仔貉会因饥饿而嘶叫不安。如果发现仔貉吃不饱乳汁，要抓出母貉检查其乳腺发育情况，在正常的情况下，貉有5~6对乳头，泌乳正常的乳头有弹性，乳腺非常饱满，在加轻微压力的时候，有乳汁从乳头里排出来。如果母貉乳腺发育不良，乳头很小，又挤不出乳汁，说明该母貉泌乳不正常，应对其仔貉进行人工哺乳。有些初产母貉产前不会自己拔掉乳头周围的毛，使仔貉因找不到乳头而不能哺乳，这时应帮助母貉拔掉乳头周围的毛，使其显露，这样仔貉就可以顺利吮乳了。

还有一种情况，由于母貉产仔数少，而乳腺又过发达，泌乳丰富，仔貉不能吸住过分充满的乳腺（仔貉吸乳是将乳头和乳腺全都吸入口中的）。过分饱满的乳腺，可使母貉急燥不安，不趴在产箱内，而开始搬弄仔貉，或把其中一个叼出产箱，在笼内乱跑。在乳过多时，可发现母貉乳腺触摸起来往往感觉很硬，时常发烫。在这种情况下，可以把过多的乳汁从乳腺里挤掉。挤乳的方法，开始在乳头附近，以后在整个乳腺上进行按摩。在挤乳的时候，要把乳腺涂上少许没有气味的凡士林或其他油脂，当给母貉挤完乳后，要使母貉侧面卧下，并将仔貉放在它的乳头附近，以帮助它们吮乳。当仔貉可以正常吮乳后，母貉也会安静下来，这时可以把它们放回产箱。最好再增加几只仔貉让其代养，这样就不会因泌乳过多而使母貉不安。如果没有代养的仔貉，要缩减它的日粮若干天，并从日粮中排除促进产乳的饲料，如蔬菜和乳类饲料。

有的母貉产仔数较多，泌乳量又较少，饥饿的仔貉发出尖锐的叫声，并且总叼着干瘪的乳头吵闹母貉，也会引起母貉急燥不安，搬弄或叼仔。在这种情况下，一是要把过多的仔貉选健壮大的拿出让其他母貉代养，或是全部分出代养。部分拿出代养后，要力求引起母貉乳腺分泌，给母貉以经常的按摩。二是在饲料中予以大量的乳和蔬菜，缺乳的母貉多食欲不振，应当给它们以多样性的饲料，增加适口性，促进它们进食。在检查母貉泌乳是否充足时，还应注意，如果是仔貉刚好吮过乳，检查时只有少量的乳排出，乳腺也很萎缩，这并不意味着该母貉缺乳，这时乳头附近的毛很湿，黏在一起，仔貉也很安静地卧着，腹部很饱满，说明一切正常。

有些初产母貉乳头发育非常小，而且新生仔貉不能噙住它们，从而吸不到乳，遇到这类情况，可把日龄较大的仔貉置于该母貉的乳下，让这些仔貉把部分乳腺噙在口里，并用力吮吸之后，就把乳头给拉长了，然后就可以使新生貉噙住哺乳。

检查仔貉时如果发现行动很慢，它们的毛没有光泽，颜色是灰的或是潮湿的，不易舔干，有时"渐渐地身体变凉"，没有生气，要及时对它们予以救治。弱仔应立即收集起来，送到暖房里，把潮湿的仔貉用棉纱擦干，把冻僵的仔貉予以按摩或在温暖的炉子附近恢复体温。往往有这种情况，冻僵了的仔貉表面上看像死去一样，但按摩一会儿可以恢复其生命，对所有软弱的仔貉，要立刻用滴管或茶匙喂 1.5%～2% 维生素 C 的溶液，因为软弱往往是由于维生素 C 的不足，维生素 C 能促进生命活动。使用维生素 C 溶液要现用现配制，不能长期保存，否则会分解变质，正常的溶液味道像柠檬一样。如果仔貉还可以吮吸，最好用奶嘴喂给，用一次性注射器和自行车气门芯制成，如果仔貉已弱到没有吮乳的力气了，要小心地用滴管慢慢地滴入仔貉口中，让其自行咽下，不要硬灌把仔貉呛死。喂维生素 C 完后，可以再喂乳。喂乳最好是将母貉仰卧固定，然后把仔貉放在母貉乳头上让其自行吮吸，不能吸乳时，也可用滴管滴喂挤出的母貉鲜奶，或用羊乳代替，每隔 3～4 小时哺乳一次，仔貉吃饱时，就不再吮吸了。哺乳后要把仔貉放在屋内温暖的地方，喂养 2～3 天后，多数仔貉可以恢复正常，当仔貉强壮起来，并开始好好地吮吸母乳后，要把它们与母貉一起送回原处。还有一点要注意，假如仔貉是单独放置时，在喂乳前需要人工按摩仔貉的腹部，从胸口到肛门轻轻按摩，这样仔貉才能排出粪便，否则仔貉是靠母貉舔它们的肛门时候才排便的。

遇有母貉产仔超过 10 只以上者，应该把多出的仔貉分给其他产仔数较少的母貉代养。代养的母貉要求它们的胎产仔数不超过 7 头，并有优良的泌乳能力，母性强，产仔期与代养仔貉相近。代养的方法很简单，在准备分出代养的窝内选健康的仔貉拿出，在其头部剪下少许胎毛标为记号（便于以后识别），然后放入代养的母貉产箱口处，母貉的母性很强，当听到外边的仔貉叫声，马上会出来，将准备代养的仔貉叼入自己的窝内，代养成功。也可以趁代养母貂不在窝内时，迅速将仔貂放入其窝内。放入后最好先观察一会，看看母貂进窝后有无不良反应，如果母貂进入窝内仔貂很快就安静下来，则代养成功。很少有母貂不接受代养仔貂的情况，在代养过程中应注意手上不要有异味，一般母貂对气味并不十分敏感，只要手干净，没有特殊气味（如医疗药剂、煤油、苯、肥皂、香脂等），不必在仔貂身上涂擦代养母貂的粪尿，用尿将仔貂全身弄湿对仔貂是十分有害的。

随着仔貂日龄的不断增加，母貂的食欲越来越强，食量也增加。泌乳期产仔母貂日粮每日每只 1 000g ~ 1 200 g，其中，动物性饲料占日粮总重量的 35% ~ 40%，乳类饲料占 5%，谷物类占 50%，蔬菜占 5%，盐 0.3g/只，维生素 AD 1 000 国际单位，这样才能保证母貂有足够的营养需要来保证泌乳正常、维持体况。食欲较差的母貂，多数很瘦，泌乳能力也差，仔貂成活率低，对这样的母貂要适当调剂饲料，增加适口性，以促进其增加食欲，最好是将其仔貂部分或全部分出代养。仔貂 20 日龄后，开始同母貂一起采食，要增加母貂的日粮量。补饲量的多少根据母貂产仔数和仔貂不同日龄逐渐增加，20 日龄时，每只仔貂给 50g 补饲，30 日龄 100g，40 日龄 120g 左右，以后可根据母貂和仔貂的采食情况灵活掌握。当仔貂能够走出产箱时，应注意防止仔貂被邻笼大貂咬伤四肢、尾巴等。笼与笼之间可以留有几厘米的距离。仔貂采食后，其粪便不再是蛋黄色，母貂也不再舔食其粪便，这时产箱内会变得很脏，要及时清扫，最好在这时把产箱门关上，不让貂子进入产箱。母貂哺乳期间应密切注意仔貂生长发育情况及母貉本身体况肥瘦，以此来判断母貉泌乳是否充足。如果母乳严重不足，仔貉总是因饥饿叫个不停，发现这样母貉一定要及时将仔貉分出代养或单独给仔貉补饲易消化的粥状饲料。分窝仔貉体重一般为：初生重 120g，10 日龄 280g，30 日龄 500g，60 日龄 1 200g 左右。胎平均产仔数低的仔貉体重大于胎平均产仔数高的。

如果发现母貉在临产期急燥不安，或在产箱内乱抓，跳到笼子里时常用力挣扎发出痛苦的呻吟声，回头向后看，并且嗅自己的尾下方，应当注意该母貉可能是难产。难产的原因有多方面，胚胎的发育过快，胎儿过大会发生难产；母貉过肥，组织内的脂肪过多，使肌肉弱化，造成子宫收缩困难，也可发生难产；胎儿在子宫部位不正（主要是横位），仔貉过大可能发生难产；子宫内死胎、腐胎及母貉体弱过瘦，无力将仔貉产出都可能造成难产。

一般的难产，母貉总是自己设法把胎儿产出，当胎儿卡在产道中时，母貉常常用齿咬住露出的胎儿，将其拽出，这样产下的仔貉多数有咬伤，很快死去；有时母貉甚至把仔貉撕成两半，而且后半留在生殖道里，如果不把它取出，母貉也会死亡，所以必须小心抓住母貉将留在生殖道里的胎儿取出。发现有难产征兆的母貉要特别注意，当母貉过期未产，发生强烈的叫闹半天以后仍未见产仔者，可视为难产。这时母貉的羊水已流出，如不采取措施母子都会有危险。首先可用药物催产的办法帮助母貉产仔，用药前应先检查一下母貉子宫颈和盆骨是否扩张，将手指消毒（指甲磨光）后，探入母貉产道；伸入 4cm 时即可摸到子宫口，当子宫口全开张时有三四厘米直径，这时可用催产素一次肌肉注射 0.2ml，然后观察母貉子宫能否收缩将胎儿娩出，如果半小时内产出，可再注射 0.4～0.8ml，一般均能产出。用催产素还不能奏效者，可能遇到死胎和横生胎，这时可在催产素注射完半小时之内用镊子准确地夹住卡在产道中的仔貉，将其慢慢拽出。当仔貉全部产出后，要给母貉注射一支 50mg 的盐酸氯丙嗪，然后放回产箱休息。

由于貉是野生动物，其本身还保持很大的野性，特别是在产仔期，当受到外界不良刺激时，很容易出现叼仔现象，轻者把仔貉咬伤，严重的可把全部仔貉吃掉，这给养貉业带来了很大的损失，所以，我们要设法避免母貉产仔期的叼仔现象。

防止母貉叼仔最关键的措施是保持貉场环境安静。母貉配种后，要安置在较安静的地方，不要经常移动，换一次地方，母貉对周围新环境即产生某种不安全感，尤其是在产仔期。产前要把产仔的准备工作都做好，要提前铺好垫草，产箱和笼舍要检修完善，不要等到产仔后出现问题时再修理。遮雨棚要安牢、不漏雨，刮大风时不要产生响动。产仔期要有固定的饲养人员负责喂养产仔的母貉，喂食时动作要轻，不要产生突然的声响。

叼仔现象多发生在母貉产后第 3～10 天，也有个别母貉经常叼仔。引起母貉叼仔的原因主要是突然的异常声响，如人的突然出现及产仔母貉周围有许多人围观等外界不良影响，使母貉受惊，或者母貉本身因某种不适感觉，如泌乳不足或泌乳过多仔貉吃不干净，都会引起母貉烦燥不安，出现叼仔。

当母貉叼仔时仔貉会大声尖叫，这更增加母貉的恐惧，越叼越厉害。听到母貉叼仔时，可观察其原因，如果是由环境不安静引起的，要使环境安静下来，人要走开，环境安静下来后，母貉也就不叼仔了。如果环境安静下来还不能使母貉停止叼仔，可将母貉关在产箱内（因产箱活动范围小，又比较黑暗，容易使母貉平静下来），看看母貉是否能平静下来，一般只要20～30分钟，母貉就可平静下来。如果把母貉关在产箱内，母貉还是在箱内叼仔并扒咬产箱插门，可将母貉放入笼中，再将产箱插门关上，使母仔分离一段时间（一般1～2小时），这段时间母貉叼不到仔貉，慢慢也会平静下来。但对早期产仔的母貉，由于天气较冷，要做好仔貉的保温工作，可将仔貉拿入室内或将仔貉用棉花盖严，免得冻死。通过这些措施对一般叼仔母貉都能使其恢复正常，如果母貉正在叼仔时，可将仔貉救下（一般用小木棍惊吓一下，母貉会马上放下叼着的仔貉），这时可将仔貉移入产箱。有条件的地方，最好在室内暂喂仔貉羊奶一二顿，等到傍晚，再将仔貉送回产箱，这时母貉的乳腺已经充满乳汁，它会很快哺乳。如果母貉叼仔是由于其本身某种原因造成的（如泌乳不正常），要对症治疗（见产仔保活技术）。有些母貉因为初次产仔又有些轻微的难产，在生下头一两只仔貉时也会发生叼仔现象，这时母貉不能正常护理仔貉，而且会因紧张加重难产。遇到这种情况，要马上抢下仔貉，送到室内擦干仔貉身上的羊水，给予保温。如果母貉产下仔后继续叼仔，要产一只抢一只，直到不叼为止（母貉一般只在生头两只仔貉时叼仔，生多了就会平静下来不叼仔）。等母貉全部产完，并安静地哺乳后，再将抢下保温的仔貉送回产箱，这样可以挽救被叼仔貉的生命。

三、仔貉生长期的饲养管理

仔貉从分窝到性成熟这段时期为育成期，育成前期仔貉特点是食欲旺盛，生长发育很快，是决定以后体型大小的关键时期，在此期间首先要保证育成貉生长的营养需要，饲料中应注意钙、磷、维生素 D 和蛋白质的供给；二要保证貉舍卫生条件，这是育成期的关键问题。分窝一般在仔貉出生55～60 天进行，对产仔数较多，母貉本身体况较差者，可以根据情况在 50 天以前分窝。分窝后，仔貉应在原窝内饲养，只将母貉提出，饲养一段时间（一两周）后，仔貉再分成 3～4 只一组同笼饲养，这样可以使仔貉由于争食而保持旺盛的食欲，喂食要及时，每次喂食量以喂后半小时内不剩食为准，喂完要及时把食槽捡出笼外，免得被仔貉弄脏。

育成期仔貉需要较优质的饲料原料来提供全价的营养，以供仔貉生长发育的需要。育成期仔貉饲料参考组成如下：肉、鱼等动物性饲料占 30%，谷物性饲料占 60%，蔬菜占10%，预混料添加剂每只每天 3～5g。

貉长到 1.5～2kg 时，可分成两个仔貉一笼饲养，达到2.5kg 时可以单独饲养。分窝 2～3 周，要对仔貉进行犬瘟热、病毒性肠炎疫苗接种。9～10 月以后，幼貉体型已接近成貉，可进行选种工作。选种后，种用貉和皮用貉要分群饲养。

育成期正值夏季，要保持貂舍的卫生，注意防暑，最好不让貂子进入产箱，笼内比较干燥，粪便能及时漏下，可保持育成貂皮肤卫生，被毛干净。

貂生长期现场饲养和管理中存在一些问题，因为生长期貂生长迅速，对营养的需求大，而一些新的养殖户饲喂方法简单，养殖户为图省事，很少或不供给貂饮水，而将干饲料用4~5倍比例的水稀释，这导致饲料过稀，单位体积饲料干物质少，能量低，貂为满足营养需求必然进食增加，导致貂被动饮水，同时饲料中水分含量过高影响消化吸收，并造成稀便、腹泻。应该改变饲喂方法，将饲料调制成干粥状，采食方便消化率高，可减少饲料原因引起的稀便、腹泻等症，提高养貂效益。

四、貂冬毛生长期的饲养管理

● （一）貂冬毛生长期的生理特点 ●

进入9月，仔貂由主要生长骨骼和内脏转为主要生长肌肉、沉积脂肪，同时随着秋分以后的日照周期的变化，将陆续脱掉夏毛，长出冬毛，此时，貂新陈代谢水平仍很高，蛋白质水平仍呈正平衡状态，因为毛绒是蛋白质的角化产物，故对蛋白质、脂肪和某些维生素、微量元素的需要仍很大。这一时期貂最需要的是构成毛绒和形成色素的必需氨基酸，如含硫的胱氨酸、半胱氨酸、蛋氨酸和不含硫的苏氨酸、酪氨酸、色氨酸，还需要必需的不饱和脂肪酸，如亚麻油二烯酸、亚麻酸、二十四碳四烯酸和磷脂、胆固醇，以及铜、硫等元素，这些都必须在日粮中得到满足。

● （二） 取皮貉的饲养 ●

在目前的貉养殖中，普遍存在着忽视冬毛生长期的弊病，不少貉场单纯为降低成本，而在此期间采用低劣、品种单一、品质不好的动物性饲料，甚至大量降低动物性饲料的含量。结果因营养不良导致大量出现带有夏毛、毛峰钩曲、底绒空疏、毛绒缠结、零乱枯干、后裆缺针、食毛症、自咬症等明显缺陷的皮张，严重降低了毛皮品质。

对取皮貉要注意提供较高的能量和脂肪水平，有利于动物积累皮下脂肪过冬，同时获得较为优质的皮张质量。冬毛生长期含硫氨基酸的供给要充足，部分与色素沉积有关的微量元素也要综合考虑，以免降低了皮张的综合质量。

貉生长冬毛是短日照反应，因此，在一般饲养中，不要任意增加任何形式的人工光照，并把皮貉养在较暗的棚舍里，避免阳光直射，以保护毛绒中的色素。

从秋分开始换毛以后，应在小室中添加少量垫草，以免貉在寒冷环境中过度消耗，同时，要搞好笼舍卫生，及时维修笼舍，防止沾染毛绒或锐利刺物损伤毛绒。添喂饲料时不要将饲料沾在皮貉身上。10 月应检查换毛情况，遇有绒毛缠结的应及时活体梳毛。

● （三） 取皮貉饲养管理的成功实例 ●

如果稳定的饲养户不扩大规模，取皮貉的饲养占貉养殖数量的80%左右，饲养的成功与否也是取得经济效益的关键。

河北乐亭的张女士家饲养取皮貉 200 只，她认为，养貉就像养孩子一样，需要精心照顾，多方面多角度考虑问题才能养好貉。

首先仔貉要及时分窝，分窝前对新的笼舍实施消毒，分窝时一定要注意供给优质饲料，特别是适口性和消化性好的鲜饲料，如鲜鱼、鲜肉及动物下杂比例要较大，同时张女士考虑到刚从母貉身边分开的仔貉会想念群居生活，导致生长变缓，于是开始分窝时让 2 ~ 3 只貉在一个笼中饲养，这样锻炼仔貉的独立生活能力，同时几个貉在一起采食有竞争，可以提高貉采食的能力，让貉有一个过渡时期。分窝完成后，张女士首要考虑注射好犬瘟热及细小病毒性肠炎疫苗，适当消毒笼舍设施，根据育成貉营养需要特点，配制饲料主要注重提高貉的生长，在蛋白质上注意质量和数量，选取优质蛋白质饲料，如鱼粉、肉粉、动物下杂、豆粕等，结合膨化玉米，配制满足生长貉的生理需要的优质饲料；在管理上，由于貉育成期正处于夏天炎热季节，张女士给自家貉场饲养棚拉上了遮阳网，同时供给貉清凉的井水，及时清理粪便，免得夏季高温条件下，粪便气味挥发刺激貉。

到了秋季冬毛生长期，张女士考虑到貉生长逐渐变缓，貉也将达到成年体重，这个时期要贮集能量，准备过冬，同时要注意毛皮的生长，于是张女士在饲料中增加了脂肪的含量，适当降低了蛋白质的水平，但提高了蛋白质的品质，增加了蛋氨酸的含量，以提供毛皮生长的营养物质；在管理上增加了御寒设施，减少不必要的能量损耗，提供温水供貉饮用。这样乐亭张女士在取皮貉的饲养管理上取得了很好的回报，整个生长期死淘率低于2%，毛皮生长良好，优质皮率达70%以上。

第一节 貉生殖系统的解剖特点

一、公貉的生殖系统

公貉的生殖系统由睾丸、附睾、输精管、阴茎及副性腺等部分组成。

1. 睾丸

睾丸是公貉精子生成的场所，貉是季节性发情动物，仅在繁殖期产生精子，但对成年的公貉，一年四季均分泌雄性激素。貉是季节性繁殖的动物，其睾丸有明显的季节性变化，5～10 月为静止期，睾丸直径为 5～10mm，重 0.5～1.0g，无精子生成；11 月至翌年 1 月为发育期，体积和重量都不断增加；2～4 月为成熟期，直径 25～30mm，重 2.3～3.2g，不断产生精子。

2. 附睾

附睾是运输精子、储存精子、浓缩精子的器官，在附睾内精子最后发育成熟。附睾呈长管状，紧贴于睾丸之上，含有大量的迂回盘曲的附睾管，其长度为 35～45mm，可分为头、体、尾 3 部分。附睾头与曲精细管相连，长在睾丸的近后端，是形状扁平的"U"字形，比附睾体略粗；附睾体形状细长，沿睾丸的后缘下行，到睾丸的远端转为附睾尾，附睾尾与输精管相通。

3. 输精管

输精管和附睾尾相连，它能把精子从附睾尾输送到尿道，输精管外径为1~2mm，在附睾尾附近，管壁有索状肌肉层，厚而且坚实。输精管是弯曲的，到附睾头的附近变直，并与血管，淋巴管和神经形成精索，然后通过腹股沟管进入腹腔。两条输精管在膀胱上方并列而行，在阴茎基部会合，并在这里开口于尿道。

4. 副性腺

主要包括前列腺和尿道球腺。前列腺包围在尿道周围，较发达，尿道球腺小而坚实，位于尿道内骨盆腔的附近。副性腺的功能主要是在射精时排出前列腺及尿道球腺分泌物。其中，尿道球腺分泌物的主要作用是清理和冲洗尿道，而前列腺分泌物主要是稀释精液和提高精子的活力。

5. 阴茎和包皮

阴茎是貉的交配器官，阴茎包括阴茎根、阴茎体和龟头，为圆棒状，长65~95mm，粗10~12mm。阴茎根部连接坐骨海绵体肌，阴茎根向前延伸形成圆柱状的阴茎体，其游离末端是龟头，整个阴茎富含海绵组织。阴茎中有一根长60~80mm的阴茎骨，中间有一沟槽，尖端带钩。包皮为皮肤折转而形成的一个管状皮肤鞘，有容纳和保护龟头的作用。

二、母貉的生殖系统

母貉的生殖系统由卵巢、输卵管、子宫、阴道和外生殖器官组成。

1. 卵巢

貉的卵巢为扁圆形，左右各一个，直径约 4~5mm，腹面黄白色，背面红褐色，被脂肪所包围着，包围卵巢的脂肪与卵巢间有缝隙，形成一个封闭的卵巢囊。卵巢周期性地产生卵细胞和分泌雌性激素，以促进其他生殖器官及乳腺发育，并使发情母貉产生性欲。卵巢分泌的雌性激素有利于早期胚胎的迁移，使之成功地在子宫内附植和发育。

2. 输卵管

貉的输卵管很细，位置在每一侧的卵巢和子宫角之间，与输卵管系膜黏结在一起，盘曲在卵巢囊上，肉眼不易观察到。输卵管的功能是接纳排出的卵子，是精子卵细胞结合及受精的场所，同时通过它把受精卵输送到子宫角内。

3. 子宫

貉的子宫为双角子宫，由一个子宫体、子宫颈和左右两个子宫角组成。子宫体长 35~40mm，粗 12~15mm；子宫角长 70~80mm，粗 3~5mm。子宫颈是一括约肌样结构，向后突入于阴道内，长 4~5mm，宽 8~10mm，子宫在交配时的收缩作用下，将精子向输卵管运送，在附植前，子宫液有助于维持受精卵的发育，子宫是胎盘形成和胚胎发育的地方。

4. 阴道

阴道不仅是母貉的交配器官，还是胎儿和胎盘产出时的通道。阴道全长 100～110mm。两端较宽，直径为 15～17mm，中间较狭窄为 10～12mm。它的前端与子宫颈的连接处形成拱形结构，名叫阴道穹窿。

5. 外生殖器官

包括前庭、大阴唇、小阴唇、阴蒂和前庭腺，统一命名为阴门。阴门在非繁殖期凹陷入皮肤内，被阴毛覆盖，外观不易明显观察到。在貉发情时，阴门将肿胀，外翻，有分泌物等一系形态上的变化，这种变化是鉴定母貉是否发情的重要依据。

第二节 貉的繁殖特点

一、性成熟

人工饲养条件下，貉的性成熟时间为 8～10 月龄，公貉略早于母貉，并与营养条件、遗传因素，饲养管理等密切相关。不仅如此，同样的饲养管理，个体间也有一定的差异。有个别的貉在 8～10 月龄时还不能投入繁殖。

二、性周期

1. 公貉的性周期

公貉的睾丸在静止期（5～10 月）仅有黄豆粒大，直径 5～10mm，质地坚硬，附睾中没有成熟的精子。阴囊被被毛覆盖，贴于腹侧，外观不明显。睾丸一般从秋分（9 月下旬）开始发育，至小雪（11 月下旬）直径达 16～18mm，冬至（12 月下旬）后生长发育速度加快，来年 1 月底至 2 月初直径可达 25～30mm，质地松软，富有弹性，这时附睾中有成熟精子，阴囊被毛稀疏，松弛下垂，明显易见，公貉也开始有性欲，并可以进行交配。貉的整个配种期可持续 60～90 天，此期公貉始终具有性欲要求，随着配种期的延续，后一个月内公貉性欲逐渐降低，性情暴燥，有时扑咬母貉，但对发情好而温顺的母貉也可达成交配。交配期结束后，公貉睾丸很快萎缩，至 5 月又恢复到静止期的样子，然后又进入下一个性周期。幼龄公貉的性器官随着身体的生长而不断发育，至性成熟后，它的年周期变化与成年貉相同。

2. 母貉的性周期

母貉性器官的生长发育与公貉相似，卵巢的发育大致从秋分开始，至来年的 1 月底至 2 月初卵巢内有发育成熟的滤泡（又名卵泡，内含未发育成熟的卵子）和卵子。整个发情期由 2 月初持续至 4 月上旬。受孕后的母貉，即进入妊娠期及产仔期，未受孕母貉又恢复到静止期。

发情周期　貉属于季节性一次发情。一般繁殖期仅发情一次，即一个发情周期。母貉的发情时间由 2 月上旬至 4 月上旬，持续两个月，发情旺期集中于 2 月下旬至 3 月上旬。母貉的发情周期大体上可分为 4 个阶段，即发情前期、发情期（发情持续期）、发情后期和休情期。

发情前期：即从生殖器（这里指阴门）外观开始出现变化至母貉接受交配的时期。此时卵巢中滤泡或卵泡逐渐发育，卵泡素的分泌逐渐增多，进而引起生殖道充血。此期最少4天，最多25天，一般7~12天，个体间差异很大。生殖器外观表现为阴门扩大露出毛外，逐渐红肿、外翻、皱褶减少、分泌物增多，放对试情时，母貉追逐公貉玩耍嬉戏，但拒绝公貉爬跨与交配。

发情期：滤泡发育成成熟卵泡并破裂排卵，这时卵泡素分泌旺盛，引起生殖道高度充血并刺激神经中枢产生性欲。发情期为貉性欲旺期，母貉可持续接受交配，一般经过1~4天，个别长达10余天，多数为2~3天。在这期间母貉阴门变成椭圆形，并外翻，具有弹性，颜色变深，呈暗紫色，上部皱起，有黏的或凝乳样的阴道分泌物。试情时母貉非常兴奋，主动接近公貉，当公貉欲爬跨时，母貉将尾歪向一侧，静候公貉交配。

发情后期：成熟的卵子已排出或卵泡萎缩，卵泡素分泌减少，生殖道充血减退，阴门缩小，直到恢复正常状态，这时母貉性欲急剧减退，扑咬公貉，不能达成交配。详见表5－1母貉发情表现期：

表5－1　母貉发情表现

表现　　项目	静止期 休情期	发情期		
		发情前期	发情期（性欲期）	发情后期（萎缩期）
外阴部： 　肿胀 　颜色 　形状	无 粉灰 条状	微肿→硬肿 赤红 椭圆无皱褶	肿胀变软且有弹性 粉红色或略带赤红色 圆或椭圆形皱褶呈"Y"或"＋"字形	松、软 紫黑色 椭圆形污秽不洁缩回
阴毛	密盖	微分→全分开	全分开	污秽不洁

（续表）

项目 \ 表现	静止期	发情期		发情后期（萎缩期）
	休情期	发情前期	发情期（性欲期）	
阴蒂	隐于阴唇内	隐于阴唇内	向外翻血	缩回
阴道分泌物颜色稠裂	无	少	多 白色←黄白→黄色 浆液较稀→凝乳状较稠	无
试情性行为表现	无嬉戏拒配，有时咬斗	嬉戏，趋向异性不接受爬跨和交配，尿频，有时跷一后肢向笼网淋尿	温顺站立不动，尾歪向一侧，哽叫求偶，尿少尿频，有时跷起一后肢向笼网边角或圈中角落淋尿	
持续时间	10～12 个月	7～25 天	1～4 天	3～5 天

3. 貉子不发情的原因和对策

对于公貉不发情的原因可能是生殖器官发育障碍或因公貉无睾丸或不能产生精子和分泌性激素；对于母貉则可能是卵巢发生病变，此类动物应适时淘汰；对于生殖器官发育受阻的貉，引起的不发情可能是营养不平衡即营养不全价导致的，尤其是维生素 A、维生素 B、维生素 E 缺乏或粗蛋白缺乏，导致营养不良而影响其发情。如果是营养问题，要视情况添加所缺乏的物质，或给全价日粮。此外，在繁殖季节不要饲喂含激素的饲料，这样会导致内分泌紊乱，影响正常发情；公貉发情不能达成交配一般是由于其生殖器官畸形，应及时淘汰。

三、性行为

1. 配种期

貉的配种期东北地区一般为 2 月初至 4 月末，个别的在 1 月末开始配种。不同地区的配种时间稍有不同，黑龙江省比吉林省略早些。一般经产貉配种早，进度快，初产貉次之。

2. 交配行为

交配动作：交配时一般公貉比较主动，接近母貉时往往伸长脖子嗅闻母貉的外阴部，发情母貉则将尾巴歪向一侧，静候公貉交配。此时公貉很快就会举起前爪爬跨于母貉后背上，后躯频频抖动，将阴茎置于阴道内。进入后公貉后躯紧贴于母貉臀部，抖动加快，然后臀部内陷，两前肢抱紧母貉腰部，静停 0.5 ~ 1 分钟，尾根轻轻扇动，即为射精。射精后母貉开始翻转身体，与公貉腹面相对，停留一段时间。此时公母貉脸面相对，时常逗吻、嬉戏，并发出"哼、哼"的叫声。绝大多数貉交配时均可观察到上述的行为。但有个别貉看不到射精后的公貉的亲昵逗留行为。

交配时间：如果发现貉的交配时间较短，一般是由于公母貉交配姿势不对或生殖器异常所致，这是不正常现象。交配前求偶的时间为 3 ~ 5 分钟，公貉交配后出现"连锁"现象，亲昵逗留时间为 5 ~ 8 分钟。整个交配时间一般多在 10 分钟以内。

交配能力（交配频度）：貉的交配能力主要取决于性欲的强度，其次是两性性行为的配合力。一般性欲旺盛及两性性行为和谐的比性欲差及两性性行为不和谐的交配频率要高。同一配对公母貉连续交配的天数多为 2~4 天，而且母貉年龄较大的交配频度比年龄较小的高。

公貉在整个配种期内都有性欲，但是，配种后期性欲降低。一天内一般可交配 2~3 次，每次交配的最短时间间隔为 3~4 小时，性欲强的公貉在整个配种的最短时间间隔也是 3~4 小时。性欲强的公貉在整个配种期一般可交配母貉 5~8 只，总配种次数为 15~23 次；一般的公貉可交配母貉 3~4 只，配种次数为 5~12 次。

3. 性的和谐与抑制

貉进入性欲期即达到发情高潮阶段后，公母貉均有求偶欲，这时互相间非常和谐，从不发生咬斗现象。但个别公母貉对放给的配偶有挑选的行为，不和谐的配偶之间互不理睬，个别的甚至发生咬斗，虽已到发情期，但并不发生交配行为，当更换配偶后，有时马上可达成交配，这就是择偶性强的表现。公母貉因惊吓或被对方咬伤后，会暂时或较长时间出现性抑制现象。发生性抑制的公貉可能丧失配种能力，不是惧怕母貉就是乱咬母貉，而这种类型的母貉虽已发情，但因惧怕公貉接近而拒绝交配，配种时性不和谐或性抑制往往导致母貉失配，需及时发现并更换公貉。

四、妊娠

貉的妊娠期为 54~65 天，平均为 60 天，初产或经产的母貉妊娠期没有明显差别。母貉妊娠以后变得温顺和平静，食欲逐渐增强，妊娠后 25 ~ 30 天时，胚胎发育到鸽卵大小，可从腹外摸到。妊娠 40 天后可见母貂腹部下垂，前脊凹陷，腹部毛绒竖立形成纵裂，行动变得小心迟缓，临产前母貂退毛做窝，呆在产箱内，不愿外出。

五、产仔

1. 产仔期

貂产仔最早在 4 月上旬，最迟在 6 月中旬，集中于 4 月下旬至 5 月上旬，一般经产貂产仔最早，初产貂稍晚。

貂的产仔时期与地理纬度有关，一般高纬度的地区比低纬度的地区晚些。

2. 产仔行为

母貂临产前多数食量减少或停止吃食，产仔多在夜间或清晨的产箱中进行，个别的也有在笼网或运动场上产仔的，分娩持续时间 4 ~ 8 小时，个别也有 1 ~ 3 天的。仔貂每隔 10 ~ 15 分钟生出 1 只，仔貂出生后母貂立即咬断脐带，吃掉胎衣和胎盘，舔舐仔貂身体，直至产完才安心哺乳仔貂；个别的也有 2 ~ 3 天分批产出的，初生的仔貂发出间歇的"吱儿 ~ 吱儿"的叫声。

3. 产仔能力

貂是多胎动物，胎平均产仔 8 只左右，最多可达 19 只。一般经产貂产仔能力优于初产貂。

4. 难产

在生产实践中发现貂的难产显著高于狐狸。难产的原因很多，可能的原因是貉分娩前剧烈腋病，狂燥不安，或分娩过程受到嘈杂环境干扰以及饲养管理不当，或由于母貉生殖道畸形，或它的体型太小，也可能是胎儿过大以及母貉疾病和内分泌失调等，这都能造成难产。难产时要根据情况给予人工助产，甚至剖腹产。若是内分泌失调，可打一针催产素。

六、哺乳母貉及仔貉的行为

一般母貉有 4~5 对乳头，对称地分布于腹下两侧，母貉产仔前自己拔掉乳房周围的毛绒，使乳头充分显露出来，便于仔貉吸乳，仔貉出生后 1~2 小时毛绒干后即可爬行并找到乳头吃奶。仔貉吃过初乳后便开始沉睡，醒来后再吃奶，每间隔 6~8 小时吃奶 1 次，吃后仍进入睡眠状态。产仔的母貉母性很强，大多数的母貉可安心哺育仔貉，除采食和排粪尿外，很少走出产箱。随着仔貉的日渐长大，母貉逐渐疏远仔貉，护仔性强的表现不明显。笼养繁殖的母貉产仔后，即使有人打开产箱上盖，甚至强行驱赶，母貉也不会丢下仔貉而离开产箱。但也有个别母貉，弃仔、践踏仔，甚至有吃仔现象，多半是产仔母貉高度惊恐或母性不强的结果。在产仔哺乳期应尽量避免惊忧产仔母貉。

母貉泌乳能力很强，仔貉生长发育也很迅速。一般仔貉 15~20 日龄长出牙齿，在个别母貉奶水不足的情况下，仔貉爬出产箱采食饲料，一般仔貉在 45~60 日龄可断奶分窝，独立生活，5~6 月龄即可长到成貉大小。

哺乳期母貉与仔貉的关系十分密切，并随日龄的增加有

图 5 - 1　10 日龄仔貂

图 5 - 2　母貂哺乳

很大的变化。为便于仔貂吃奶，1 月龄以前母貂尽量采用躺卧
姿式，1 月龄以后以站立姿势喂奶。初生仔貂吃奶时，母貂逐
个舔舐仔貂的肛门，吃掉它们的粪便。在不能自行采食之前，
仔貂在小室内的粪便，也是由母貂把它吃掉，或用嘴叼到产
箱外，产箱内经常保持非常干净。仔貂刚会采食时，母貂从
笼中将食物叼到产箱中给仔貂吃，一直到仔貂能自行取食以

及自行采食为止，此后，母貉不再为仔貉舔舐肛门和清理粪便。

仔貉 45 日龄后，母貉开始对它们表现淡漠，尤其是吮乳时，母貉来回走动，躲避仔貉，有时甚至也恐吓或扑咬仔貉，这一时期母貉泌乳量减少。

个别母貉也有异常的母性行为，如玩弄仔貉、叼仔、咬仔、弃仔等。其原因多是受到突然的惊忧、奶水不足或饮水不足及有恶癖造成的。

第三节　影响貉繁殖力的因素

一、年龄与繁殖力的关系

1 岁的初产貉繁殖力较经产貉（2 岁以上）低，尤其是平均窝产仔数和仔貉成活率更明显，见表 5-2。

表 5-2　不同年龄貉的繁殖力

项目 年龄	基础母貉数	受配数	受配率（%）	产胎数	产仔率（%）	仔貉成活率（%）	胎平均产仔数
1	450	399	88.67	303	75.94	63.9	7.22±2.47
2	50	47	94	35	74.47	74.4	8.49±2.86
3	23	23	100	17	73.91	73	9.0±2.74
4	8	8	100	7	87.5	90.2	9.71±2.49

从上表可以看出：受配率和胎平均产仔数随年龄的增加而逐渐提高，但产仔率与年龄关系不大。貉在 2～4 岁时繁殖

力均较高，是繁殖的适龄期。

二、胎次与繁殖力的关系

胎次与繁殖力的关系见表5 - 3

表5 - 3　不同胎次的繁殖力

项目 胎次		统计数	胎平均产仔数	仔貉成活率（%）
初产貉	1	95	6.87 ± 2.07	65.8
经产貉	2	34	7.65 ± 2.63	76.2
经产貉	3	23	8.70 ± 1.94	73.0
经产貉	4	7	7.29 ± 2.40	90.7
小　计		64	7.98 ± 2.40	76.37

胎次是指产仔的次数，从上表可以看出，初产貉的胎平均产仔数比经产貉低，仔貉的成活率也低于经产貉，经产貉之间的繁殖力没有明显差别。

三、体重与繁殖力的关系

从表5 - 4看出，体重5 000g以上的种貉，其产仔率、窝平均产仔数及仔貉成活率均比体重5 000g以下的种貉高。因此，貉在繁殖期的适宜体重应以5 000g以上为好，体况过瘦（5 000g以下）对繁殖不利。

表5-4 貉体重与繁殖率的关系

体重分级	项目	统计只数	胎平均产仔数	群平均产仔数	产仔率（%）	胎平均成活数	群平均成活数	成活率（%）
4 499g以下	幼	13	5.9±2.02	4.54	77.0	4.5	3.46	80.0
4 500g	总计	19	9.47±1.82	5.11	88.2	5.1	4.0	78.4
	幼	17	6.0	4.59	76.5	4.46	3.41	74.4
	成	2	9.5	9.5	100	9.0	9.0	94.7
5 000g	总计	33	7.81±2.40	7.33	93.9	5.16	4.85	66.1
	幼	19	7.59	6.79	89.5	4.41	3.95	58.1
	成	14	8.07	8.07	100	6.07	6.07	75.2
5 500g	总计	45	7.44±2.13	7.44	100	4.4	4.4	59.1
	幼	28	6.82	6.82	100	3.53	3.53	51.8
	成	17	8.47	8.47	100	5.82	5.82	68.8
6 000g	总计	25	7..57±2.99	6.36	84.0	5.81	4.88	76.7
	幼	6	5.75	3.83	66.7	4.75	3.17	82.6
	成	19	8.0	7.16	89.5	6.06	5.42	75.7
6 500g	总计	17	7.81±1.94	7.35	94.1	6.44	6.06	84.4
	幼	2	8.0	8.0	100	7.5	7.5	93.8
	成	15	7.79	7.27	93.3	6.29	5.87	90.7
7 000g以上	成	11	7.67±1.25	6.27	81.8	6.22	5.09	81.1

四、发情早晚与繁殖力的关系

从表5-5可以看出，2月中旬以前及3月中旬以后交配的母貉，无论是产仔率还是窝平均产仔数都低于2月下旬至3月上旬交配的；3月中旬所交配的母貉产仔率虽不低，但窝平均产仔数却明显下降。可见貉的适宜配种时间是 2 月下旬至 3 月上旬。

表 5 - 5 　发情早晚与繁殖力的关系

时间＼项目	受配数	产胎数	产仔率（%）	胎平均产仔数
2 月中旬	5	4	80	7. 76 ± 0. 83
2 月下旬	48	48	100	8. 17 ± 2. 49
3 月上旬	70	66	94. 3	7. 12 ± 1. 94
3 月中旬	31	30	96. 8	7. 07 ± 2. 16
3 月下旬	6	4	66. 7	7. 25 ± 3. 11

五、交配次数与繁殖力的关系

从表 5 - 6 可以看出，以交配次数多些为好。产仔率和窝平均产仔数都随配种次数的增加而提高，可见生产实践中增加复配次数是完全必要的。

目前，生产实践中，多采用连续两次复配，即母貉的配种期内连续 3 日 3 次配种的方式。

表 5 - 6 　交配次数与繁殖力关系

次数＼项目	受配数	产胎数	产仔率（%）	产仔数	胎平均产仔数
1	54	27	50. 0	166	6. 15 ± 2. 39
2	97	74	76. 3	557	7. 53 ± 2. 53
3	213	164	86. 4	1 405	76. 4 ± 2. 55

(续表)

次数＼项目	受配数	产胎数	产仔率（%）	产仔数	胎平均产仔数
4	45	42	93.3	307	7.31±2.42
5	22	21	95.5	161	7.67±2.33
6	11	10	99.9	87	8.70±1.83
7	7	7	100	61	8.70±1.98
8	5	5	100	39	7.80±1.48

貉交配持续天数一般为1~4天，在此期间可进行多次复配，对繁殖力有一定的影响。从表5-7看出，交配持续天数较少的（1~2天）和过多的（10天以上）繁殖力都低，一般持续交配3~6天的效果最好。

表5-7　交配持续天数与繁殖力的关系。

项目＼天数	1	2	3	4	5	6	7~8	9~10	11~13
空怀率（%）	50.5	16.98	11.27	8.89	5.4	11.1	5.56	6	16.67
产胎数	30	88	126	41	35	24	17	3	5
胎平均产仔数	6.63±2.47	7.28±2.65	7.79±2.57	7.51±2.29	7.34±2.15	8.17±1.49	7.59±3.14	9.33±.58	6.4±2.88

六、受胎率低的原因和对策

1. 饲养饲料方面的问题

用来饲喂貉的饲料由于营养不全价，搭配不合理，动物性饲料所占比例小，微量元素缺乏，以及与貉生育繁殖极为相关的各种维生素供给量不足，维生素 C、维生素 E 如果保存不当，很容易氧化，在实际生产中容易忽视，使貉繁殖系统受到影响而不生育，维生素 A 给量不足，会导致初生仔貉死亡；如果母貉用以维持生命所必需的各种氨基酸、蛋白质、碳水化合物等都没有达到饲养标准要求，也导致母貉的繁殖机能下降。在发情前调整好体况，不要把种貉喂得过肥，过肥的体况会造成母貉不发情；再者就是如果种公貉体况过肥，会腰弯不下去，找不好角度，而不能达成交配。貉中等稍上的膘情最理想。

2. 忽略母貉的发情鉴定

在部分初养貉专业户中，母貉在配种时不进行发情鉴定，只是将公母貉合笼饲养，配种时放任自流，有的母貉发情虽然很好，但公貉性欲差，或择偶性不强，从而造成人为的失配。另外，也有公母貉合笼饲养，发情交配较晚的情况。有点经验的养貉户，不搞发情鉴定，当看到公母貉相互追逐，嬉闹，误以为已交配完毕，过早的将公貉捉出，造成失配。

3. 公、母貉存在生理缺陷

在选留种貉时，由于选种不严格，再加上日常饲养管理条件差，导致一些公、母貉发育不健全，生理有缺陷，如公貉出现隐睾、侧睾，母貉出现生殖器畸形等，从而造成不能正常进行交配或交配成功。

4. 管理水平不高

部分养貉户，将多公多母放在同一圈内饲养，使个别强壮的公貉称王称霸，只许自己配种，不许其他公貉交配，甚至出现相互撕咬，从而耽误时机，使一些发情较好的母貉不能及时接受配种，而造成失配。还有，在配种前训练不当，配种时公母貉相互咬伤，从而使双方产生惧怕心理和性抑制，不能正常进行交配。除此之外，貉舍条件不标准，笼网太矮，其高度在 50cm 以下，使貉的爬跨受到一定的影响，使貉不能很好的进行交配。

应对措施

1. 精心饲养最重要

首先，在配种期间一定要合理配制饲料，力求饲料原料品种多样化，营养成分要全面。饲料配制要求：动物性饲料 30%，谷物饲料 65%，蔬菜类饲料 5%。配合日粮中，每日每只还应当添加酵母 15g、麦芽 15g、骨粉 8g、鸡蛋 25～50g、食盐 2.5g、大蒜 2g；每只每天繁殖期以及产仔期维生素 A 2 500 单位、维生素 B_1 10mg、维生素 C 10～30mg、维生素 E 30～50mg，早食喂 40%，晚食喂 60%。喂食时间要与放对时间配合好，喂食前后 30 分钟不能放对。其次，要加大科学管理，配种期每天都要捉貉检查发情情况和放对。经常检查维修笼舍，防止逃跑而造成失配。母貉由于性欲冲动食欲较差，公貉食欲下降更为明显。因此，这期间饲养人员要经常细心观察，正确区分发情貉与病貉，以利于及时治疗病貉。放对后，要注意观察公母貉的行为，防止咬伤，若发现公母貉有敌对行为的，应当及时进行分开，重新调配配偶。貉胆小易惊，放对时要注意保持安静。

2. 搞好发情鉴定

每年从 1 月下旬开始，对母貉要普遍进行一次发情检查，对每一只发情母貉都心中有数。从此以后，每隔两天检查一次，以便及时发现发情母貉，及时组织放对试情，如发情较好，母貉则站立笼内将尾翘向一边，静候或迎合公貉爬跨交配。

3. 配种后精液检查

为了提高母貉受胎率，一定要搞好精液的品质检查，以提高受胎率。其方法是捕抓刚受配的母貉并保定，在 20℃ 左右的室内，用钝头玻璃棒或滴管伸入母貉阴道内 10cm 深处，蘸取少量精液涂于干净玻璃片上，再用少量生理盐水稀释，置于 200~600 倍显微镜下进行观察。如果精子活力差，或精子极少，经多次检查都是这样，就应停止使用该公貉。

4. 实行重复配种措施

经实践证明，貉交配次数多，其产仔率也高，所以，应当采用用重复配种的方式来提高受胎率。对于初次达成交配的母貉，到第二天应当进行复配一次，第三天再复配一次，这种连续 3 天配 3 次的方式其受胎率较高。

5. 不断优化种貉群

2~5 岁龄的种貉其繁殖率最高，所以种貉群组成，应当以适龄老貉为主，占 65% 左右，每年补充的幼貉不得超过 40%。

第四节　貉的繁殖技术

一、配种技术

1. 发情鉴定技术

公貉发情鉴定：从群体上看，公貉集中发情并且比母貉早，一般1月末至2月中旬，绝大多数公貉都具备配种能力。其发情和求偶的表现如下：此时公貉活泼好动，经常在笼中来回走动，有时翘起一后肢斜着往笼网上排尿，也有时往食盆或食架上排尿，经常发出"咕～咕"的求偶声。

除了进行行为观察外，也可检查公貉睾丸来判断它有无交配能力。此时公貉睾丸膨大，下垂，具有弹性，睾丸如鸽卵大小；而且公貉睾丸发育正常，质地松软而具有弹性，配种期下降到阴囊之中，是具有交配能力的表现。睾丸太小，质地坚硬无弹性，或没有下降到阴囊之中（即隐睾）一般没有配种能力。

母貉发情鉴定　母貉的发情要比公貉稍晚些，多数是2月至3月上旬，个别也有到4月末的，母貉的发情鉴定通常采用如下4种方法：即行为观察、生殖器外观的检查、放对试情和阴道分泌物细胞图像检测。上述几种方法要相互结合进行综合评定，但应该以生殖器外观检查为主，以放对试情为准。

行为观察：母貉进入发情期时，行动表现不安、来回走动增强，食欲减退，排尿频繁，经常用笼网磨擦或用舌舔外生殖器。发情盛期时，精神极度兴奋，食欲减退或根本不吃食，不断发现急促的求偶叫声。发情后期活动逐渐趋于正常，食欲恢复，精神安定。

生殖器官外观检查：以专用鞭状套索捕捉到母貉，仔细检查并观察其外生殖器，主要根据生殖器官的形态、颜色、分泌物的多少来判断母貉的发情程度。

发情前期：阴毛开始分开，阴门逐渐肿胀、外翻，到发情前期的末期肿胀程度达最大，形近椭圆形，颜色开始变暗。用手挤压阴门，有少量稀薄的、浅黄色分泌物流出。

发情期　阴门的肿胀程度不断增加，颜色暗色，阴门开口呈"T"形，出现较多乳黄色黏稠的分泌物。发情期是配种的最佳时期。

发情后期　阴门的肿胀程度减退、阴门收缩、阴毛合拢，阴门黏膜干涩出现细小皱褶，分泌物较少但浓黄。

正常母貉发情时，生殖器外观都出现上述的典型变化。但也有个别母貉，在配种期生殖器官外观没有典型的变化。可能因为：母貉生殖机能异常或母貉隐性发情，但能正常排卵、受孕和产仔。

放对试情：开始发情时，母貉有接近异性的表现，可与试情公貉玩耍嬉戏，但拒绝公貉爬跨交配，每当公貉试图爬跨时，尾巴尖紧并回头扑咬公貉，一般不能达成交配。发情盛期时，母貉性欲旺盛，后肢站立，尾巴翘起，静候或迎合公貉交配。当公貉性欲不强时，母貉甚至钻入公貉腹下或爬跨公貉，以刺激公貉交配。发情后期母貉性欲急剧减退，对公貉不理睬或怀有"恶意"，一般很难达成交配。

阴道分泌物的细胞图像观察发情法

貉的发情和排卵，是受体内一系列生殖激素调节和控制的，同时生殖激素（主要是雌激素）作用于生殖道（阴道），使上皮细胞增生增大，为交配作准备。因此，在发情周期中，随着体内生殖激素水平的变化，阴道分泌物中脱落的各种上皮细胞的数量和形态也呈现规律性的变化，利用阴道分泌物的细胞图像检测发情与否，可作为发情鉴定的一种方法。

貉阴道分泌物中主要有 3 种细胞，即角化鳞状上皮细胞、角化圆形上皮细胞和白细胞。

角化鳞状上皮细胞 为多角形，有核或无核，边缘卷曲不规则，直径为（44.80±10.38）μm，主要在临近发情前或发情期出现。在发情期部分此种细胞崩溃而形成碎片，形状为梭形或船形，其长径为（44.90±11.69）μm，短径为（15.60±3.97）μm。在发情前期，随着发情期的临近，角化鳞状上皮细胞的数量比例逐渐增大，其明显升高的时间在初配前 3 天，在初配后第 1 天时，达到最高值（62.35%）。拒绝时，角化鳞状上皮细胞数量比例迅速减小，初配后 7～12 天恢复到发情前期初期的水平。

白细胞 主要为多型核白细胞，直径为（9.15±1.84）μm。在发情前期和进入妊娠期后，一般以分散游离状态存在，分布均匀，边缘清晰，在发情期则聚集成团或附着于其他上皮细胞周围，此时由于体积变大，直径为（12.60±2.91）μm。在发情前期的初期，分泌物细胞图像几乎全部由白细胞组成（94.60%），随发情期的临近，它的数量比例逐渐减小，到初配后第 1 天时，达到最低值（32.83%），拒配后开始上升，初配后 7～12 天恢复到发情前期的水平。

角化圆形上皮细胞 形态为圆形或近圆形，绝大多数有核，胞质染色均匀透明，边缘规则，直径平均为（35.31±9.24）μm。在发情周期各阶段和孕期均可见到，一般单独分散存在，它的数量比例没有明显的变化。

以上可以看出，阴道分泌物中出现大量的角化鳞状上皮细胞，是母貉进入发情期的重要标志。在阴道分泌物中，通过检测它的角化鳞状上皮细胞的数量比例，结合外阴部检查等发情鉴定方法可提高母貂发情鉴定的准确性。

阴道分泌物涂片的制作方法：用经过消毒的吸管，插入阴道 8 ~ 10cm，吸取阴道分泌物，往洁净的载玻片上滴一滴，涂一薄层，阴干后，于 100 倍的显微镜下观察；用血细胞计数器计算各种细胞的数量比例。

2. 配种期检查时间

貂场在配种期开始时，得对整个貂群进行一次发情鉴定，记录每只母貂外阴部形态颜色和分泌物的多少，以后根据每只母貂的发情进度掌握放对配种时间。一般情况时，记录为"＋"，这样的母貂间隔 5 ~ 6 天后再检查；发现发情变化明显者（如阴毛基本分开，阴门肿胀程度增加，颜色开始变深，有较多量的淡黄色黏液），记录为"＋＋"，这样的母貂等隔 2 ~ 3 天再检查；如果发现母貂具有典型的发情表现（如阴毛完全分开，阴门外翻高度红肿，颜色暗红，有大量的乳黄色黏液），记录为"＋＋＋"；此时母貂已经进入或很快就要进入发情期，应该立即放对试情，若接受交配，便可更换公貂正式配种，或直接与选配公貂放对。如果拒配，那么就需要对母貂每天检查放对，直至接受交配为止。

3. 貂人工授精技术

家庭养貂一般采用貂按摩法采精进行人工授精，减少公貂的养殖数量，同时加快优良公貂的扩群。貂的按摩法采精操作过程及注意环节如下：采精前，先按摩公貂睾丸和会阴部，给貂一个采精信号。按摩数秒后，采精者将拇指、食指捏在公貂阴茎两侧，中指捏在阴茎腹面，捏住阴茎中部并沿阴茎纵向撸压和滑动阴茎包皮，对阴茎进行摩擦刺激。撸压开始时滑动速度要快一些，4～5次/秒，撸动幅度7～8cm。撸压5～7秒后，阴茎勃起，接着阴茎中部的球状海绵体膨大。此时，将阴茎从公貉两后腿之间拉向后方，将包皮撸至球状海绵体后方继续撸压球状海绵体和后部的阴茎，撸压速度减慢，每10秒撸压12～13次，撸压球状海绵体时，稍用力些，如此反复撸压按摩（5～7秒或约10秒）直至公貉射精为止。为提高采精效果，按摩时应配合公貉性反射行为调整撸压按摩频率和力度，以刺激公貉排精。适度的撸压刺激公貉表现兴奋和舒适，刺激力度不够，公貉没有性反射，阴茎勃起速度慢且不坚挺，而刺激力度过大过强时，公貉有痛感，会发生性反射抑制现象。公貉射精过程中仍需对其按摩刺激，整个撸压采精过程大约需几十秒钟，最多不超过2分钟。将精液迅速送往精检室内，放在37℃保温瓶或水浴锅内，并做好采精记录；公貉射精结束后阴茎回缩时，将包皮向阴茎头部撸挤，使阴茎复原。

对于没有很好采精驯化的公貉，也可以进行麻醉后用电刺激取精法进行采精，麻醉剂按体重标准给量，采精器按说明操作，直至貉大腿肌肉强力收缩，射精为止。

精液的接取收集：开始射精时（公貉自主抖动动作停止，尾根部紧张下压），一只手握住集精杯底部（用手掌保温）准备接取精液。公貉射精时，首先射出的是副性腺分泌物，白色透明尿样，可不接或接取弃之不用。后射出的是乳白色的精液，要及时接取在集精杯内。

采精频度：指每周对公貉的采精次数。为了既能最大限度地采集公貉精液，又能维持它的健康体况和保证精液品质，必须合理安排采精频度。公貉每周采精 2 ~ 3 次，如果连续采精 2 ~ 3 天应休息 1 ~ 2 天，为了防止精液品质降低，不可随意增加采精次数，这样会造成公貉利用率降低等不良后果。

精液的稀释与保存：

精液稀释方法与精液稀释液的检查：使用前每批次精液稀释液都必须进行保存后的精子活力检查。如精液稀释后 3 小时内，精子活力 ≥0.7（在 30 ~ 37℃检查），说明稀释液的质量达到了标准，根据这个精子活力标准，必须把不符合标准的稀释液舍弃不用。不同公貉个体的精子对稀释液的适应性会有差别，多作几只观察稀释效果。稀释液的保存：稀释液应保存于 4 ~ 5℃冰箱中，当天用多少吸取多少，并加温预热，剩余的稀释液弃去不用。精液稀释的倍数确定：按精液密度、精子活力和畸形精子率的检测结果计算出每毫升原精子中有效精子数，再按稀释后精液应含有的有效精子数（7 000 万/ml）和当日输精母貉数量计算出稀释倍数。稀释倍数 = 每毫升原精液中有效精子数/输精时每毫升稀释精液中所要求的精子数。精液稀释的操作：事先把精液稀释液用吸管或移液管移至试管内，并置于盛有 35 ~ 37℃ 的广口保温瓶或水浴锅内保存备用。稀释时先按稀释倍数准确量取所需的稀释液，再将稀释液沿集精杯壁缓慢加入到精液中，轻轻摇匀，严禁稀释液快速冲入精液和剧烈震荡。稀释后的精液适于 25 ~ 35℃ 条件下保存，保存时间不超过 3 小时。

人工输精：

输精器材的准备：输精前，准备好输精器、注射器、阴道插管、70%的酒精棉球等。室内温度应保持在 18 ~ 25℃，同时在室内外进行常规消毒工作。所用人工授精器材如输精器、阴道插管等事先严格消毒备用，使用时每貉 1 份，用后再统一消毒处理。所用 5mL 注射器最好为医用无菌一次性注射器。

做好母貉发情鉴定和疫病检查：为提高母貉授精率和杜绝疫病传播，授精前必须进行发情鉴定和疫病检查，凡发情未在输精时机（发情盛期，以能不能接受爬跨为基准）和有生殖道疾患者不给输精。发情鉴定方法和适宜输精时间的确定：①外阴观察和试情法：外阴部逐渐肿胀、潮红、分泌物增多，用手触摸硬肿缺少弹性为发情前期；肿胀程度达最大并刚开始减退，用手触摸开始变软而有弹性时为发情期，这时经过试情，母貉站立和温顺的接受公貉爬跨则为输精适宜时机。②发情检测器法：母貉发情时，用发情检测器测定发情母貉阴道电阻值，电阻值逐渐增高至峰值为发情前期，达峰值后电阻值明显下降时为发情期。③阴道细胞学检查法：用棉签或吸管沾取或吸取阴道分泌物制成涂片，在 200 ~ 400 倍显微镜下观察，圆形细胞逐渐减少，角化细胞逐渐增多为发情前期；角化细胞占满视野，圆形细胞缺少为发情期即适宜输精期；角化细胞减少圆型细胞又重新出现时为发情后期。

人工输精（子宫内输精）操作：输精时两人配合操作：一人保定貉，一人输精。母貉的保定消毒：保定人员用保定钳保定母貉，一手握住母貉尾部使尾朝上，用 0.1% ~ 0.2% 新洁尔灭消毒液消毒外阴部及其周围部分。输精操作：①先将阴道插管插入母貉阴道内，其前端抵达子宫颈；左手虎口部托于母貉下腹部，以拇指、中指和食指摸到阴道插管的前端。②以左手拇指、食指、中指固定子宫颈位置，右手握持输精器末端向阴道插管内腔插入，前端抵子宫颈处，调整输精器的位置探寻子宫颈口。③左手、右手配合将输精器前端轻轻插入子宫体内 1~2cm，固定不动。助手将吸有精液的注射器插接在输精器上，推动注射器把精液缓慢地注入子宫内，输精技术熟练者，事先将吸有精液的注射器插在输精器上，由输精者直接将精液输入。④向注射器内吸取精液时，应注意注射器的温度与精液温度一致，缓慢吸取到固定的刻度时，可再吸入少许空气，以保证输精时将所有精液输入子宫内，防止残留在输精针管腔内，造成精液资源的浪费。⑤输精后轻轻拉出输精器，如果输精手法得当且母貉生殖道无畸形，则输精过程中母貉表现安静。⑥输入精液量约为 0.7ml，精子活力≥0.7，输入有效精子不少于 7 000万。⑦输精次数，一般连续输精 2~3 次，每日 1 次。初次输精误为假发情时，待发情后再输 2~3 次。

输精效果判定：①拉出输精器时手感觉有点阻力。②拉出输精器时精液不倒流。③镜检输精器内残留精液，精子活力不低于 0.7。④拉出输精器时无血液残留。

4. 精液品质检查

公貉的精液品质检查主要看其是否真正具有配种能力，使母貉怀孕。该方法已被广泛应用，特产所毛皮动物基地多年一直采用此方法，实践证明，进行精液品质检查后，可以有效地限制不育或低育的公貉的配种，同时也能防止母貉漏配，提高貉受胎率。

精液品质检查应在 18 ~ 25℃ 的室内进行，用玻璃棒或吸管插入刚配完的母貉阴道中 10 ~ 12cm 处沾取或吸取精液一滴，放在载玻片上，放 200 倍的显微镜下观察。显微镜检查时，根据精液中精子的活力和密度，评定其等级。

精子活力的评定　在显微镜下，以直线前进运动精子所占的比例来评定。通常用三级评分法。三级：在视野中 70% 以上精子为直线前进运动的；二级：在视野中有 60% 精子为活泼的直线前进运动的；一级：视野中不超过 30% 的精子为直线前进运动的。

精子密度的评定　它与检查精子的活力同时进行，一般用估测法。即根据精子稠密程度不同，将精子密度粗略分为"稠密"、"中等"、"稀薄"三级。"稠密"：在整个视野中精子之间的距离仅可容纳 1 ~ 2 个精子，"稀薄"：精子间可容纳 10 个以上的精子；"中等"介于"稠密"和"稀薄"之间。

精液中精子的密度和活力，若达到密度"中等"和活力"二级"、密度"稠密"和活力"一级"或密度"稀薄"和活力"三级"以上的都是合格精液。经几次检查，精液品质差或无精子或畸形精子多的公貉，应停止使用，使用这种公貉配种的母貉，应更换精液品质好的公貉重配。精液品质优良的公貉，则应充分加以利用。

5. 放对配种

放对方法　一般公貉在交配过程中很主动。因此，通常将母貉放入公貉笼内进行配种；另外公貉在自己熟悉的环境中性欲不受抑制，可以缩短配种时间，提高放对效率。但遇性情暴烈、不易捕抓的母貉，也可将公貉放入母貉笼内配种。

放对分为试情性放对和交配性放对。试情性放对主要是通过试情来证明母貉的发情程度。因此，如果发情未到盛期时，放对时间不应该过长，避免公母貉之间因达不成交配而产生惊恐和敌意。对于交配性放对，在确认母貉已进入发情盛期的情况下，尽量让它们达成交配。所以，只要公母貉比较和谐，就应坚持连续放对。放对最好安排在早晨和上午进行，此时公貉精力充沛性欲强，较易达成交配。对于貉，一般在人为目测确定母貉发情后，都采用放对配种的方法。

配种方式　貉是季节性一次发情，是自发性陆续排卵的动物，配种只能采取连日复配的方式。即初配一次以后，还要连续每天复配一次，直至母貉拒绝交配为止，这样才能提高产仔率。生产上多采用一个发情期 3~4 次配种，有时貉在上一次交配后，间隔 1~2 天才接受再次复配。为了确保貉的复配，对那些择偶性强的母貉，可更换公貉进行双重交配或多重交配（那用一只母貉与两只公貉或两只以上公貉交配）。

6. 种公貉的训练与利用

由于公貉具有多偶性，一般一只公貉可配 3~4 只母貉，种公貉在配种中的作用是至关重要的，提高种公貉的配种力是完成配种工作的有利保证。

（1）训练公貉，学会配种　种公貉尤其是年幼的公貉，第一次交配比较困难，一旦交配成功，就能顺利交配其他母貉。训练年幼公貉参加配种，必须选择发情好、性情温顺的母貉与其交配；发情不好或没有把握的母貉不能用来训练小公貉。训练过程中，要注意爱护公貉，禁止粗暴地恐吓和扑打公貉，注意不要使公貉被母貉咬伤。否则，种公貉一旦丧失性欲要求就很难发挥配种作用。

（2）种公貉的合理利用　种公貉的配种能力在个体间的差异很大，一只公貉一般在一个配种期内可交配 5～12 次，多者高达 20 余次，少者只有 1～2 次。为保持和发挥种公貉的配种效能，应有计划地合理控制和使用。在配种前期和中期，每天每只种公貉可接受 1～2 次试情性放对和 1～2 次的配种性放对，每天可成功交配 1～2 次。公貉连续达成交配（每天 1 次）的天数，一般为 5～7 天，然后必须休息 11～12 天才能再放对。一般老龄公貉开始参加配种的时间早于 1 岁龄公貉，但结束配种的时间也较早；因此，在配种初期主要是利用老龄公貉，而在中后期则利用 1 岁公貉。配种后期由于发情母貉日渐减少，因此公貉的利用次数也随之减少。配种后期一般公貉性欲减退，性情变得粗暴，有的甚至形成咬母貉或择偶性强公貉，应挑选那些性欲强的没有恶癖的种公貉，完成后期发情母貉的配种工作，配种期间可以少搭配母貉，重点使用，以便维持它旺盛的配种能力，在配种的关键时期用它解决那些难配的母貉。

（3）提高公貉交配效率　根据每只公貉的配种特点，合理地制定放对计划。性欲旺盛和性情急躁的公貉优先放对。每天放给公貉的第一只母貉要尽量合理，力争达成交配。我们知道，公貉的性欲与气温有很大关系，气温升高会使性欲降低，配种期尽量将公貉放在棚舍的阴面饲养，而且放对时间一定要安排在早晚进行，实践中了解到，阴雪、气温聚降的有风天气更利于配种进行。公貉性欲旺盛，可抓紧时间争取多配。有经验的养貉户都知道，公母貉配种期对周围环境有一定的要求，人声嘈杂和噪音刺激均会使性行为抑制，不利于配种。因此，配种期间要尽量保持安静，饲养人员观察时，也不要太过靠近放对笼舍。

7. 配种期的观察护理

在貂放对配种过程中，饲养人员应注意以下几个方面。

（1）确认母貂是否真受配　多数母貂在交配后很快翻转身体，面向公貂，不断发出叫声或呈现戏耍行为。如果观察到上述现象，则可以肯定母貂已受配。但也有少数母貂交配后不翻转身体，也无叫声，只是臀部紧贴公貂后躯，这与公貂爬跨但没有交配成功的母貂不易区别。这就要求饲养人员认真仔细地观察它们的行为，注意看公貂有无射精动作，以区分真假，为了防止漏配，再辛苦一些，用显微镜检查母貂阴道内有无精子，加以验证。

（2）防止公貂或母貂被咬伤　母貂发情不好，或已发情的公貂或母貂择偶性较强时，容易发生咬斗。饲养员得及时制止，否则公母貂一旦被咬伤，很容易产生性抑制，假如再与其他貂放对也不易达成有效地交配。若公貂的阴茎被咬伤，则失去了继续当种貂的资格。因此，在貂放对时，饲养人员应密切注意观察，一旦公母貂发生咬斗现象，得及时将其分开，另外这样做也可以防止漏配。

（3）采取人工辅助交配，有个别的母貂交配时后肢不能站立或不抬尾，不容易达成交配，此时得采取人工辅助交配。辅助交配时，要选用性欲强且肥大温顺（最好经过一定训练）的公貂。对交配时不站立的母貂，可将其头部抓住，臀部朝向公貂，待公貂爬跨并有抽动的插入动作时，用另一只手托起母貉腹部，调整母貉臀部位置，只要顺应公貉的交配动作，一般都能达成交配。对于不抬尾、发情好的母貉，可用细绳拴住尾尖，固定有其背部，使阴门暴露，再放对交配。注意绳最好隐藏在毛绒里，以免公貉发现后玩耍细绳，交配后要及时将线绳解下。对于发情而不交配的母貉一般有咬公貉的毛病，可捆住它的嘴，使之交配。怀孕产仔后，视其母性强弱、乳汁状况决定来年的去留。

二、产仔保活技术

1. 产仔前的准备工作

貉的妊娠期一般为 60 天，应在产仔前的 10 天左右清理产箱、消毒及在产箱内添加垫草，做好保温工作。消毒可用 2% 的热碱水洗刷，及早应用进行酒精喷灯火焰灭菌，但得避免喷灯噪声使母貉受到惊吓，受惊后来回走动，甚至食欲不佳，防止流产。保温用的垫草应柔软不容易碎为好，如山草、乱稻草、乌拉草等，垫草的多少应结合当地的具体气温灵活掌握，产仔早期北方地区要絮得多些。垫草除保温作用外，还有利于仔貉抱团和吸乳，所以即使气温暖和，也得加些垫草。垫草应在产仔前一次絮足，不然在产后缺草时临时补给会使母貉受惊扰，但超过 10 日龄后可以根据情况补些垫草。

2. 母貉难产的处置

母貉产仔日期已到，出现临产症状，如不见仔貉娩出，母貉表现惊恐不安，发出叫声，频繁出入产箱，时常回视腹部并有痛苦状；如果已看见羊水排出，长时间不见胎儿娩出；

或胎儿嵌于生殖孔，久久娩不出来，这是难产现象。发现难产并确认母貂子宫颈口已张开时，可进行催产。肌肉注射乳房垂体后叶素0.2~0.5ml或肌内注射催产素2~3ml，经2~3小时后还不见胎儿娩出时，需要进行人工助产。操作办法为：先用消毒液对外阴部进行消毒，之后用甘油润滑阴道，将仔貂拉出，对于有些母貂羊水已流出，经催产仍不见仔貂娩出，可进行剖腹产。也有一些母貂，产仔日期已到，不见羊水流出，但不爱活动，拒食，精神沉郁，经催产无效后，应立即进行剖腹取仔貂。貂子难产问题在毛皮兽中很突出，各养貂场年年都有。

3. 产后检查

产后检查对产仔保活很重要，它采取听、看、检相结合的办法进行。听是听仔貂的叫声，看是看母貂的吃食、粪便、乳头及活动情况，若仔貂很少嘶叫，嘶叫时声音宏亮、短促有力，母貂食欲越来越好，乳头红润、饱满，活动正常，则说明仔貂健康和正常。

检就是打开小室直接检查仔貂情况。先将母貂诱出或赶出产箱，挡住产箱门后进行检查，健康的仔貂在窝内抱成一团，发育均匀，浑身圆胖，肤色深黑，身体温暖，拿在手中挣扎有力。检查时饲养人员最好戴上手套，手上不要有异味（香脂、香皂味等），或用产箱里垫草把手搓洗后再拿仔貂，检查时要快，检查完后尽量使产箱恢复原来的样子。

第一次检查，应在产仔后的12~24小时进行，以后的检查根据听、看的情况而定。由于母貂护仔性强，一般少检查为好。但发现母貂不护理仔貂，仔貂嘶叫不停，叫声越来越弱，母貉食欲不佳或拒食时，母貉长时间呆在产箱不出来采食时，必须及时检查，否则会耽误代乳时间。

有些母貉由于检查引起不安，会出现叼仔貉乱跑的现象。这时应将其哄入产箱内，关闭产箱门 0.5～1 小时，即可防止。对于叼仔的母貉，尤其在产仔初期大约 7 天之内，应减少检查次数。

4. 产后护理

主要是通过母貉护理好仔貉，以提高仔貉的成活率。仔貉的生长发育主要靠母貉的母乳，因此，保证仔貉吃饱母乳是提高成活率的关键。绝大多数母貉产仔前都能自行拔掉乳头周围的毛，使乳头充分显露出来，若拔毛不好或未拔毛的母貉，可人工将毛拔掉。若母貉缺乳或无乳时，应及时将仔貉代养给其他母貉。代养母貉应具备母性好，有效乳头数多，奶水充足，所产仔貉数目不多，产仔时期与被代养的母貉相同或相近，仔貉大小也相近。代养方法是将母貉关在产箱内，在被代养的仔貉身上涂上少量代养母的的粪尿，放在产箱室门口，然后拉开小门，让代养母貉自己将被代养的仔貉叼入箱内，也可以将被代养的仔貉直接放入代养母貉的窝内。代养后要观察一段时间，如母貉不接受代养仔貉，需要换母貉重新代养。仔貉也可用产仔的母狗、母狐哺育。整个哺乳期必须密切注意仔貉的生长发育状况，并以此来证明母貉乳汁质量的好坏，遇有母貉乳量少或乳汁质量不好，影响仔貉和长发育时，也应及时进行代养。如果母貉产后无奶，或产仔多一时又找不到代养母兽，或仔貉弱不会自然哺乳，这几种情况下都需要进行人工哺乳。

5. 仔貉的补饲和断乳

仔貉生长发育很快，一般 3 周龄时开始采食，这时可单独给仔貉补饲易消化的粥状饲料。仔貉的采食与母貉的乳汁充足与否有关，乳汁充足则采食较晚，相反则早，乳汁的充足与否影响仔貉生长。如果仔貉还不太会吃饲料，可将其嘴巴接触饲料或把饲料抹在嘴上，训练它学会吃食。这种补饲方法不仅可以促进仔貉的生长发育，而且能起到很好的驯化作用。

45～60 日龄以后，绝大部分仔貉都能独立采食和生产，应适时断奶。仔貉生长发育良好，同窝仔貉大小均匀一致可一次将母仔全部分开，而同窝仔貉数多，发育不均衡，要分批分期断奶。即将健壮的仔貉先分出，把弱小的暂时留给母貉继续喂奶，待健壮后再陆续分出。

三、提高繁殖力的综合技术措施

目前，貉的养殖技术已日渐成熟，而且增产的潜力仍然很大，但如何进一步提高貉子的繁殖力，进而提高养貉的经济效益，仍是急需解决的重要问题。目前，提高貉繁殖力的主要措施如下。

1. 保证合理的貉群年龄结构

貉群的年龄组成是保证稳产高产的关键。生产实践证明，2～4 岁母貉的胎产仔数和仔貉成活率最高。因此，在基础母貉群中经产貉应占 65%～70%，初产貉应占 30%～35%，产 5 胎以上的母貉不应超过 5%。老龄公貉在配种期参加配种的时间较早（配种初期）而1岁的幼龄公貉参加配种的时间较晚（配种中后期），要保证母貉及时受配，一般2～4岁公貉应占公貉总数的60%，1岁公貉占40%。

2. 要保证种貉的良好体况

一般种貉以中上等体况为好，即配种前的体重公貉6～7kg，母貉体重5.5～6kg为宜。为准确鉴定种貉体况，最科学的方法是利用体重指数比较法，体重指数等于体重（克）除以体长（厘米）。理想的繁殖体况是1cm体长重100～115g。

3. 准确掌握母貉发情期

抓住时机进行配种，这是提高繁殖力的关键。因为在发情期内，交配的母貉能排出较多的成熟卵子，精子与卵子相遇而受精的机会也多，从而提高受胎率及产仔力。

4. 适时复配以降低空怀率，提高产仔数

因为貉的卵泡成熟不是同期的，增加复配可诱导多次排卵，同时也增加受精机会。生产实践中提倡多公交配，增加复配次数，可提高繁殖力。

5. 合理利用公貉

掌握公貉适当的交配频度，保证营养，在最短的时间内恢复其体力消耗；检查公貉的精液品质，是保证交配质量、提高公貉利用率的关键。

6. 产仔期保温工作

产仔时间早仔貉的成活率低，可能是由于气温低而导致的仔貉的死亡率增加，这是仔貉成活率高低的关键。因此，在临产前和产仔期，要做好产箱的保温工作，即给予充足的垫草，产箱要做必要的修补和维修。另外，在母貉产仔期安

五章　貉的繁殖与育种

排饲养员值夜班，发现母貉在笼网上产仔的仔貉爬出产箱或仔貉落地上的应及时送回产箱，以防仔貉被冻死。

第五节　貉的育种技术

家庭养貉场在育种方面一般考虑较少，但貉皮毛色随着市场流行的变化以及毛皮色型的不断变异，貉的育种工作显得越来越重要，因为家庭养貉不仅需要逐步扩大种貉的数量，而且要不断地提高笼养貉群的质量，以培育出适应当地饲养条件、毛绒品质优良、体型大、繁殖力高、适应市场需求的新品系或新类型，从而提高我们的养殖效益。

一、育种的目的和方向

貉育种的目的，就是在现有品种的基础上应用动物遗传学的基本原理和有关生物科学技术，改良其原有的遗传性，培育出在体型、毛皮品质和色泽上适应人们需求的貉种。

貉皮属大毛细皮类，其特点是张幅较大，毛长、绒厚、耐磨、保温、色型单一，背腹毛差异大等。各种毛皮动物在育种学上都是从某一或某几个性状上来进行选择和改良，例如：改变毛色性状或体型性状，或这两个或多个性状同时改良。育种首先要分清主次，针对市场的要求，选择几个重要的经济性状，同时要明确每一性状的选育方向，并且在一定时期内坚持不变，达到我们的育种目标。下面是貉几种主要性状的育种方向。

1. 被毛长度

貉的被毛较长，同其他毛皮动物相比尤其是针毛特别长，其背部针毛可达 11cm，绒毛可达 8cm。毛长会使毛皮的被毛不挺立，不灵活，食或粪便等粘到皮上易粘连。因此，就貉被毛长度这一性状，我们应向短毛的方向进行选育。

2. 被毛密度

貉被毛的密度与毛皮的保温性能和美观程度密切相关。如果被毛过稀，不但毛皮的保温性差，而且毛绒不挺欠美观，对其等级也有很大影响。因此，我们的育种工作应巩固被毛密度大这一性状。

3. 被毛颜色和色型

貉的野生型毛色个体间的差异比较大，由青灰渐变至棕黄。按目前人们对貉皮毛色的要求，颜色越深（接近青灰）越好，因此，毛色应朝这个方向选育。中国农业科学院特产所利用野生型貉中发现的白色突变个体，培育出白色色型的貉。白色貉皮可用来染成各种所需要的颜色，价值较高，育种上白色貉应向高纯度方向选育。对于野生型貉中未来可能出现的其他毛色突变的个体，我们应注意保护、收集和培育，以丰富貉的色型，满足人们的需求。

4. 背腹毛差异

东北地区的貉背腹毛差异较大，主要是长度、密度、颜色方面，影响了毛皮的有效利用。研究表明，貉背腹毛的差异与其体矮，四肢短有关。因此，可通过间接地选择体高这一性状，来缩小背腹毛之间的差异。

5. 体型

体型大则皮张就大，因此，这一性状应向体型大的方向培育。

二、貉的育种措施

目前，貉的育种主要采取杂交育种和纯种选育相结合的方法，同时还要将育种工作同加强饲养管理结合起来，将大型养貉场专业性育种和小型养貉场的选育工作结合起来，将普及扩繁与提高质量结合起来，培育出新型优良的种貉。

● （一）杂交育种 ●

貉的杂交育种，是选用两个或两个以上具有不同遗传类型的优良貉相互交配，以繁育出具有一定杂交优势的新型种貉。例如，为了改变本场原有的体型小、毛色浅的缺点，可引入优良的乌苏里貉进行级进杂交。如果母貉用本场的，公貉用优良的乌苏里貉，将得到第一代子貉，用第一代子貉中的母貉再与优良的乌苏里貉杂交，得到第二代子貉，当杂交到所要求的一定代数时，再进行横交固定。在杂交过程中，要严格选择亲本，淘汰不理想的杂种后代，特别是选择父本时，必须进行后裔鉴定。级进杂交到几代才能自群繁育，要以杂交后代所表现的毛绒品质及生产性能而定，如果杂种后代达到了育种要求，就可以进行自群繁育。此方法不仅适用于大型养殖场而且适合中小型养殖场的育种。

● （二）纯种繁育 ●

将具有同样优良性状的貉留种，逐年选优去劣进行繁育，使种貉的毛绒品质、体型、繁殖力及适应能力等优良性状得到不断提高，这种育种方法，叫纯种选育。纯种选育能逐渐改进貉群质量。

采用纯种选育的基本方法是进行品系或品族繁殖。例如，在纯种选育中发现具有某种或多种优良性状（如深毛色、体型大等）的个体时，就以具有这种性状为核心，采用近交的方法进行繁殖，这样可获得和它同样遗传性能和血缘关系的一群后代。如果以公貉为核心，就形成一个品系（家系），称为品系繁育。如果以母貉为核心，就形成品族（家族），称品族繁育。然后再进行品系和品族间繁殖，通过纯种选育可提高貉群质量，防止品质退化。此方法对中小型养殖场育种来说很实用。

● （三） 建立良种核心群 ●

建立育种核心群是定向培育优良种貉的有效方法。育种核心群必须在人工选择（选种）的基础上，由综合鉴定最理想的一级种貉组成。育种核心群建立后，还要不断地加强纯种选育工作，对不理想的后代应严格淘汰。这样才能使核心群的质量得到不断提高，最终成为全场质量最高的一群。核心群中被淘汰的种貉，一般都比生产群种貉质量稍高，所以，也可以作为生产群种貉，以便改良或更换血缘。由于随着核心群种貉不断增多，将逐渐取代生产群，近而充分发挥优良种貉的改良作用，使整个貉群的生产性能及质量不断提高。在核心群的育种工作中，应注意某些微小的有益性状的变异，并有目的地积累这种有益的变异，如果这种有益性状的变异能够遗传给后代，并逐渐发展和巩固，就会形成新的有益性状，进一步提高核心群的质量。建立良种核心群对较大的养殖场的育种工作很有帮助。

三、貉的选种与选配

● （一）　选种时间 ●

对于貉的选种工作，同其他毛皮动物一样，一般分为 3 个阶段：初选阶段、复选阶段和精选阶段，每个阶段都有其具体参考要求。在选种过程的每个阶段都要把好关，坚持常年有计划、有重点地进行，最终确定优良个体以作种用。

1. 初选阶段

在 5～6 月进行。成年公貉配种结束后，根据其配种能力、精液品质及体况恢复情况，进行一次初选。种公貉的选择尤其要注意选毛绒品质优良和体型大的。选择两岁龄以上公貉时要参考它往年的配种记录和它所配母貉的产仔记录。一般应选择在配种期交配次数在 15 次以上，所配母貉的胎产仔数平均在 7 只以上的种公貉。成年母貉在断乳后根据其繁殖、泌乳、母性情况进行一次初选。选留经产母貉时，除考虑毛绒品质和体型大小外，还应适当地考虑繁殖情况。一般要选胎产仔 7 只以上、母性好、仔貉成活率高的母貉。前一年未产仔的母貉，原因可能是多方面的，有的是漏配，有的是饲养不当使母貉过肥或过瘦造成发情不明显，使母貉失配空杯。如果是由以上原因造成的空怀母貉，可以继续饲养。凡是患乳房炎未治愈、母性不强、仔貉成活率低、连年空怀、难产及做过剖宫产手术的母貉，一般应淘汰。当年幼貉在断乳时，根据同窝仔貉数及生长发育情况进行一次初选。当年幼貉要选双亲繁殖力强，同窝子数 5 只以上，性情温顺，发育良好，外生殖器正常，母貉乳头数在 4 对以上的个体。初选留种的数量比留种计划要多出 40%。

2. 复选阶段

在 9~10 月进行。根据貉的脱毛、换毛情况、幼貉的生长发育和成貉的体况恢复情况，在初选的基础上进行一次复选。选留那些生长发育快、体质健壮、体型大、换毛早、换毛快的个体。将那些食欲不振、发育不良、体弱、消瘦或过肥，患有自咬等疾病的个体全部淘汰。复选阶段选留数量要比计划多选留 20%~25%，以便在精选中淘汰。

3. 精选阶段

在 11~12 月进行。在复选基础上淘汰那些不理想的个体，最后落实留种。精选种貉是整个选种工作的重点，在初选、复选基础上根据种貉条件及综合鉴定情况，最后确定所选留的雌雄种貉及其比例。复选过程中一定要注意，如果雄貉为单睾、隐睾和睾丸发育迟缓，雌貉外阴畸形或不正，应淘汰。并且对环境不良刺激（声音、气候、颜色、气味等）过于敏感的貉也不宜留作种用。

选定种貉时，若是大规模饲养，公母比例按比例为 1:（3~4）留种，家庭小规模饲养可按 1:（1~2）留种，相对要适当多留一些公貉。种貉群的组成应以成貉为主，部分由幼貉补充，主要是由于幼貉没有配种经验，精液品质也有待检测。成幼貉比例 7:3~1:1 为宜，这样有利于貉场的稳产高产。

● （二）貉的选种技术 ●

养貉的最终目的是为了获取优质的毛皮，而皮张价值的高低取决于皮张大小和毛绒品质。为此，选留种貉时，应考虑下列几种经济性状：体型大小、毛绒密度、针毛比例、平齐程度、毛色、背腹毛差异等。一只公貉能与几只母貉交配，通过人工授精技术可以与几十只母貉交配，因此，公貉对后代貉群质量的影响远远超过母貉。种公貉的选择尤其要注意选择体型大、毛绒品质优良的个体，现在大家大多认识到公貉的重要性，对其的选择强度也比较大，但对母兽的选择重视程度不够，虽说"公好好一片，母好好一窝"，再大的种群也是有一窝窝（家系）组成，基础不牢地动山摇，组成种群的每一个基础家系好了，整个种群质量会更好，不重视母兽的质量，也会影响整个种群的遗传进展。

常用性状选择

方法有单性状选择和多性状选择两种。

1. 单性状选择

（1）个体选择　根据个体的表型值（实际度量值）进行选择叫做个体选择，也把它称为大群选择。这是各种选择方法中最普遍的一种。个体选择的效果，取决于所选择性状遗传力的大小及选择差的高低。因所选性状的遗传进展（$\triangle G$）与性状的遗传力（h_2）和选择差（S）成正比：$\triangle G = h_2 S$。因此，个体选择适用于遗传力高的性状。选择差则取决于淘汰率，淘汰率越高，则选择差越高，所选性状的遗传进展也就越快。

（2）家系选择　根据家系的平均表型值进行选择称为家

系选择，又称为同胞选择。家系选择适用于遗传力低的性状，因为家系平均表型值接近于家系的平均育种值，而各家系内个体间差异主要是由环境造成的，对于选择没有多大意义。具体方法是计算出每个家系（全同胞或半同胞）某一性状的平均值，依次选择平均值高的家系，而不管家系内个体的表型值如何。

2. 多性状的选择：

在一个貂群中，希望提高的性状往往不止一个。在一定时期内，同时要选择 2 个以上性状的选种方法，称为多性状选择。

（1）顺序选择法　即一段时间内只选择一个性状，在其提高后再选另一个性状，这样逐一进行选择。这种选择方法对某一性状来说，遗传进展是较快的，但几个形状总起来看，需时较长。若几个性状之间存在着负相关，则更有顾此失彼之虞。如果不在时间顺序上选择，而空间上分别选择，即在不同貂群内选择不同性状，待提高后再通过杂交进行综合，则可缩短选育时间。

（2）独立淘汰法　同时选择几个性状，分别规定淘汰标准，其中只要任何一个性状不够标准就淘汰。这种方法的缺点是，首先容易将一些个别性状突出的个体淘汰掉。其次是选择的性状越多，中选的个体就越少。因为全面优秀的个体是少数的，而留下来的往往是各个性状都表现中等的个体。

（3）综合选择法　此方法有两层含义：一是选择综合性状，如体重是体长和胸围的综合性状，毛重是毛长和毛密度的综合性状。二是根据几个性状的表型值，根据其遗传力、经济重要性以及性状间的表型或遗传相关，制定一个综合选择指数，依次按指数由高到低选留种貉。

目前，貉的选种除毛色品种培育外基本采用多性状选择，以个体品质鉴定、系谱鉴定及后裔鉴定的综合指标为依据，淘汰有害性状基础上进行综合选择，常分 3 个阶段。初选在 5～6 月幼貉断奶前后进行，主要根据谱系、双亲的性状、出生日期及生长发育状况等进行，要求谱系清楚、双亲性状优良、发育健壮、幼貉出生早、毛色优良、同窝仔数多；成年公貉配种结束后，根据其配种能力、精液品质及体况恢复情况，进行一次初选。成年母貉在断乳后，根据其繁殖、泌乳及母性情况进行一次初选。复选在 8～10 月即幼貉 4～4.5 月龄时进行，根据貉的脱毛、换毛情况，幼貉的生长发育和成貉的体况恢复情况，在初选的基础上进行一次复选，把生长发育快、体型大的全部留种，要比计划留种数多留 20%～25%，以便在精选时淘汰多余部分。精选在 11～12 月也就是在冬毛完全成熟体躯达到成年貉大小即取皮之前进行，公母按 1：3 到 1：4 的比例留种，貉群较小时应多留公貉，防止配种时有貉配种能力不强而使母貉造成空怀，成幼比为 7：3 到 1：1。

貉的选种应以个体品质鉴定、系谱鉴定及后裔鉴定的综合指标为依据。貉个体品质鉴定（详见表 5－8、表 5－9），以被毛的颜色、光泽、密度等为重点进行分级鉴定，应选择被毛密度高、针毛齐全、色泽光润、背腹毛相似的青年貉作种，针毛为深黑色、白色且卷曲的不可作种，并且针毛要均匀，绒毛丰厚细密，色泽青灰为最佳。种公貉的毛绒品质应是一级的，三级的不应留种，种母貉的毛绒品质最低应是二级的。种公貉要求系谱清楚，遗传性能稳定，后裔表型基本一致，且表现优良。种貉的各项鉴定材料，需及时填入种貉登记卡，以便作为选种选配的重要依据。

表5-8　貉毛绒品质鉴定标准

鉴定项目		等级		
		一级	二级	三级
针毛	毛色	黑色	接近黑色	黑褐色
	密度	全身稠密	体侧稍稀	稀疏
	分布	均匀	欠匀	不匀
	平齐	平齐	欠齐	不齐
	白针	无或极少	少	多
	长度	80~89mm	稍长或稍短	过长或过短
绒毛	毛色	青灰色	灰色	灰黄色
	密度	稠密	稍稀疏	稀疏
	平齐	平齐	欠齐	不齐
	长度	50~60mm	稍长或稍短	过长或过短
	背腹毛色	差异不大	差异较大	差异过大
	光泽	油亮	欠强	差
体重	公貉	大于8kg	7~8kg	小于7kg
	母貉	6.5~6.5kg	大于6.5kg	小于5kg

表5-9　貉体型鉴定标准

测量时间	体重（g）		体长（cm）	
	公	母	公	母
初选（2.5~4月龄）	1 400以上	1 400以上	40以上	40以上
复选（4~6月龄）	5 000以上	4 500以上	62以上	55以上
精选（11~12月）	7 000以上	5 500~6 500	65以上	60以上

3. 貉繁殖力选择

成年种公貉应选择2~5岁，睾丸发育良好、交配能力强、性欲旺盛、性情温和、择偶性不强、无恶癖、每年与配母貉 5 只、配种 15 次以上、精液品质好、受配母貉产仔率高、每胎产仔数多、后代生活力强的公貉；对交配晚、性欲低、性情暴躁、睾丸发育不好（单睾或隐睾）、有恶癖、择偶性强的公貉应坚决淘汰。

成年母貉应选择发情早（不能迟于 3 月中旬）、性情温顺、性行为好、配种顺利、仔貉成活率高（初产不少于 5 只，经产不少于 6 只）、同窝子貉发育均匀、母性好、泌乳力强、毛绒密而细、断奶后体况恢复快的留做种貉。对外生殖器畸形、发情晚、性行为不好、母性不强、无乳或缺乳、仔貉死亡率高、有恶癖或空怀、难产的母貉必须坚决淘汰。

当年幼貉应选择 5 月 1 日前出生、双亲繁殖力强、断奶时同窝活仔数 5 只以上、生长发育正常、性情温顺、外生殖器官正常的仔貉留种，尤其是乳头多（4 对以上）幼母貉留种（貉的产仔力与乳头数量呈强正相关，相关系数 0.5）。

貉系谱鉴定

根据祖先品质、生产性能来鉴定后代的种用价值。尤其对尚未繁殖的幼貉选种更为重要。系谱鉴定首先要了解种貉个体间的血缘关系，将在三代祖先范围内有血缘关系的个体归在一个亲属群内。然后，进一步分析每个亲属群的主要特征，把群中的个体编号登记，注明几项主要指标（毛色、毛绒品质、体型、繁殖力等），进行审查和比较，查出优良个体，并在其后代中留种。

4. 貉后裔鉴定

根据后裔的生产性能考察种貉的品质、遗传性能、种用价值。有后裔与亲代比较、不同后裔之间比较、后裔与全群平均生产指标比较 3 种方法。

5. 选种注意事项

（1）选择的青年种貉体形要匀称、活泼有神、眼结膜和鼻镜要湿润　公貉要求体形大，后肢粗壮而架高，尾长而蓬松。母貉要求体形细长，四肢较高，短粗胖的母貉原则上不能留作种用。不论公母种貉，选种时各部位都不能有明显的缺陷，如公母貉一只眼睛、公貉单睾丸、母貉奶头数太少、厚脚垫或脚癣、上代有自咬症等，对脱换毛绒很晚、经常呕吐的以及频频晃头、大小便习惯性撒在食盆里的都不应留作种用。

（2）选种要选择性情温和的个体　初选、精选以及平时捕捉时，有个别貉性情惊恐狂躁，这样的貉子在繁殖期极易扰群，这样的貉即使其他多项指标都合格，也应果断剔除。

（3）因为经产母貉一般在第二年至第四年产量最高，所以在第一年取皮之前，根据记录、档案对所有经产公母貉进行挑选　对产子多、奶水充盈、母性强、较温驯、无恶癖的应根据自身发展情况留下 70% 作为核心种群，坚持三代以内无血缘关系的公母貉用于下年进行配种繁殖。在年龄结构上，一般采取成年公貉配成年母貉或当年母貉，当年公貉配当年母貉的方法进行，并逐年加强对所产后代的纯种选育工作，严格淘汰不理想的后代。

（4）选留经产母貉时，除考虑毛绒品质和体型大小外，还应适当地考虑繁殖情况　一般要选胎产仔 7 只以上、母性好、仔貉成活率高的母貉。前一年未产仔的母貉，确定是漏配或饲养不当使母貉过肥或过瘦造成发情不明显，使母貉失配造成的空怀母貉，可以继续饲养。其他凡是患乳房炎未治愈、母性不强、仔貉成活率低、连年空怀、难产及做过剖宫产手术的母貉，一般应淘汰。

（5）确定老貉与幼貉的比例　成年貉与幼貉的比例以7：3为宜，这样既可以使经产貉稳定生产，又增加了后备力量，从而平稳实现一年一度的新老更替。

（6）最后选定种貉应在冬毛完全成熟，体躯也达到成年貉大小的时候，将主要性状分为三个等级　毛色分为青灰、灰黄和灰白；密度分为密、稍稀和稀疏；针毛平齐程度分为平齐、欠齐和不齐；背腹毛差异（长度和毛色）分为差异不大、差异较大和差异过大；体重公貉分为8kg以上、7～8kg和7kg以下，母貉分为6.5kg以上、5～6.5kg、5kg以下。选种时，可按本场留种率由优至劣依次选择，多方面权衡，科学合理，争取选育出一个稳定、高效的种群。

（7）如需要引种时要切实搞清被引种场家是否注射过足量疫苗　尽量不要选购老年种貉，坚决不要注射过褪黑激素的貉子。

● （三）貉的选配技术 ●

所谓选配，即有目的、有计划地确定公母貉的配对，使后代有最佳的遗传组合，以达到培育或利用良种的目的。选配在貉的繁育中与选种有同等重要的作用。有的貉场选配时只把亲缘关系作为依据，避免了近亲交配，而不考虑其他性状的选配。有的采用不同于随机交配的随意放对，哪个公貉能配上就用哪个公貉配，这种由自然选择延续下来的"自然选配"，在生产中虽然对防止漏配有一定的作用，但在育种场应该控制使用。以下为貉选配的合理方法。

1. 个体选配

（1）同质选配　就是选择性状相同、性能表现一致的优秀公母貉配种，以期获得相似的优秀后代。其主要作用是使亲本的优良性状稳定地遗传给后代，使优良性状得以保持和巩固，并增加具有这种优良性状的个体。如在一个貉群内要加深毛绒的颜色及增加毛绒颜色深的个体，则在这个性状上可采用同质选配，即选择毛绒颜色均较深的公母貉配种。

（2）异质选配　可分为两种情况：一种是选择具有不同优秀性状的公母貉相配，获得兼有双亲不同优点的后代，如选择毛色深与体型大的貉相配，选择体高与毛短的貉相配等；另一种是选同一性状，但优劣程度不同的公母貉相配，即所谓以优改劣，以期后代能取得较大的改进和体高，例如，某一母貉其他性状都表现优秀，只有在体形这一性状上较小，则可选一体型较大的公貉与之相配。由上可见，异质选配主要作用是综合双亲的优良性状，丰富后代的遗传基础，创造新类型，并提高后代的适应性和生活力。

2. 种群选配

种群选配是根据与配双方，是属于相同的还是不同的种群而进行的选配。所谓同种群，即指貉本身及其祖先都属于同一种群，而且都具有该种群所特有的形态和特征。貉的分布较广，由于长期适应当地的自然环境，各地所产貉在许多性状上都各具特点。如北貉体长、毛长、绒厚、色深；而南貉则体小、毛短、绒稀、色浅。即使同产于东北，不同地区的貉亦各具特点。如主产于黑龙江省的乌苏里貉、体矮、毛长、色深、背腹毛差异大；而产于吉林的朝鲜貉，则体高、毛稍短、色较浅、背腹毛差异较小。因此，在貉的育种上，根据同一或不同种群的特点进行种群选配（纯繁和杂交），有着很重要的意义。

（1）纯繁　即同种群选配，是选择相同种群的个体进行配种。纯繁具两个作用，一是可巩固遗传性，使种群固有的优良品质得以长期保持，迅速增加同类型优良个体的数量；二是提高现有品质。如乌苏里貉毛色和朝鲜貉体高，这两个性状可分别通过两个种群的纯繁，加以巩固和提高。

（2）杂交　即异种群选配，是选择不同种群的个体进行配种。其作用亦有 2 种：一是使原来分别在不同种群个体上表现的优良性状集中到同一个体上来；二是产生杂种优势，即杂交产生的后代在生活力、适应性及繁殖力诸多方面，都比纯种有所提高。例如，乌苏里貉与朝鲜貉杂交，即可获得毛色深、体高和背腹毛差异小的优良后裔。

3. 选配中应注意的问题

（1）要根据育种目标综合考虑　育种应有明确的目标，各项具体工作都要围绕其进行，选配当然不能例外。在选配时不仅要考虑相配个体的品质，还必须考虑相配个体所隶属的种群对其后代的作用和影响。此外，要根据育种目标，抓住主要的性状进行选配。

（2）公貉的等级要高于母貉　公貉具有带动和改进整个貉群的作用，而且留种数少，所以，其等级和质量都应高于母貉。对优秀的公貉应充分利用，一般公貉要控制使用。

（3）相同缺点者不配　选配中，绝不能使具有相同缺点（如毛色浅和毛色浅、体型小和体型小等）的公母貉相配，以免使缺点进一步发展。

（4）避免任意近交　近交只宜控制在育种群必要时使用，它是一种局部且又短期内采用的育种方法。在一般繁殖群和生产群应绝对防止近交，以免产生后代衰退和生产力下降。

（5）考虑公母貉的年龄　母貉的发情时间，因年龄而有差异。老龄母貉发情早，当年母貉则发情较晚，公貉也有相似的规律。因此，在制定选配计划时，应考虑与配公母貉的年龄，以免发情不同步而使母貉失配。

● （四）乌苏里貉的色型与变异 ●

目前，广大养殖户以养乌苏里貉为主，随着消费者需求的变化，引起了貉皮各种色型流行的变化，从而引起养殖者所养貉皮等级、价格的变化，因此，我们可以通过育种工作，培育并巩固适应市场需求的貉种，提高养殖者的经济效益。以下为乌苏里貉的色型及家养条件下的变异，供养殖者在育种及养殖过程中参考。

1. 色型

貉的毛色因种类不同而表现不同，同一亚种的毛色其变异范围很大，即使同一饲养场，饲养管理水平相同的条件下，毛色也不相同，这在目前很少进行育种工作的各大、小养貉场普遍存在。

（1）乌苏里貉的色型　颈背部针毛尖，呈黑色，主体部分呈黄白色或略带橘黄色，底绒呈灰色。两耳后侧及背中央掺杂较多的黑色针毛尖，由头顶伸延到尾尖，有的形成明显的黑色纵带。体侧毛色较浅，两颊横生淡色长毛，眼睛周围呈黑色，长毛突出于头的两侧，构成明显的"八"字形黑纹。

（2）其他色型

黑十字型：从颈背开始，沿脊背呈现一条明显的黑色毛带，一直延伸到尾部，前肢，两肩也呈现明显的黑色毛带，与脊背黑带相交，构成鲜明的黑十字。这种毛皮颇受欢迎。

黑八字型：体躯上部覆盖的黑毛尖，呈现"八"字形。

黑色型：除下腹部毛呈灰色外，其余全呈黑色，这种色型极少。

白色型：全身呈白色毛，或稍有微红色，这种貉是貉的白化型，也有人认为是突变型。

2. 乌苏里貉家养条件下的变异

在数万张以上的貉皮分级配路中，发现家养乌苏里貉皮的毛色变异十分惊人，大体可归纳如下几种类型。

（1）黑毛尖、灰底绒　这种类型的特点是，黑色毛尖的针毛覆盖面大，整个背部及两侧呈现灰黑色或黑色，底绒呈现灰色、深灰色、浅灰色或红灰色。其毛皮价值较高，在国际裘皮市场备受欢迎。

（2）红毛尖、白底绒　这种类型的特点是，针毛多呈现红毛尖，覆盖面大，外表多呈现红褐色，严重者类似草狐皮或浅色赤狐皮，吹开或拨开针毛，可见到白色、黄白色或黄褐色底绒。

（3）白毛尖　这种类型的主要特点是，白色毛尖十分明显，覆盖分布面很大，与黑毛尖和黄毛尖相混杂，其整体趋向白色，底绒呈现灰色、浅灰色或白色。

四、繁育成功实例

　　繁育能否成功直接关系到能否挣钱。家庭养貉一定要饲养好的品种，遗传性能要稳定，没有好的遗传性能，即使有好的饲养和管理，也不能生产出优良的产品。家庭养貉一般数量有限，群体较小，育种工作相对难以进行，但我们可以选择相对好的貉留作种用，为后代更好发挥生产性能，得到更高的经济回报提前做好工作。

　　河北唐山张老汉家饲养貉 500 只，为下一年提供更好的种源，他先在貉生长期进行了粗选，选留那些出生早、生长发育快、体质健壮、体型大、换毛早、换毛快的个体，将那些出生晚、发育迟缓、体弱、消瘦或过肥、患有自咬等疾病的个体全部淘汰。到 11～12 月进行最后的精选留种时，张老汉注意到，如果雄貉为单睾、隐睾和睾丸发育迟缓，雌貉外阴畸形或不正，都给予淘汰，并且对环境不良刺激（声音、气候、颜色、气味等）过于敏感的貉也不宜留作种用。由于张老汉家饲养规模较小，相对适当多留了一些公貉。种貉群的组成以成貉为主，部分由幼貉补充，主要是由于幼貉没有配种经验，精液品质也有待检测，他家成幼貉比例 1∶1，这样有利于貉场的稳产高产。同时对于成年公貉，张老汉考虑到上一年配种能力、精液品质、体况恢复情况以及参考它往年的配种记录和它所配母貉的产仔记录进行综合选留；成年母貉选留要考虑上一年其繁殖、泌乳、母性情况、毛绒品质及体型大小外，还要选胎产仔 7 只以上、母性好、仔貉成活率高的母貂；凡是患乳房炎未治愈、母性不强、仔貂成活率低、连年空怀、难产及做过剖宫产手术的母貂，一般应淘汰。当年幼貂要选双亲繁殖力强、同窝子数 5 只以上、性情温顺、发育良好、外生殖器正常、母貂乳头数在 4 对以上的个体。

由于张老汉家貂养殖群体较小，留种时还要考虑到不要近亲交配。张老汉说，自己家的确不好选留没有亲缘关系的种群，他考虑和别人家养的貂适当调换，对于家庭小规模的饲养场这是一个很好的办法。杂交可以集中个体上的优良性状，同时产生杂种优势，使得后代在生活力、适应性及繁殖力诸方面有所提高。

选好了种，做好了繁殖期的配种和本年度的产仔哺乳工作，张老汉深有感触地说："做好繁殖工作就是要精心，我们早春貂养的不肥不瘦，发情正常，产仔期天天白天晚上多巡视观察，调节好母貂的泌乳期营养，保证仔貂有奶，这样成活率特别高，今年我留种 80 只母貂，只有 4 只没配上，分窝时得仔 58 只，非常好！"

貉的取皮及毛皮的初加工

第一节　取　皮

一、取皮时间

貉的毛被一般在 11～12 月成熟，取皮时间过早或过晚都会影响毛皮质量，从而降低利用价值，要取质量好的毛皮除准确掌握取皮时间外，还要掌握观察、鉴定毛皮的成熟程序。鉴定毛皮成熟有以下 3 种方法：第一，观察毛绒。成熟的冬皮从外表上看，底绒丰富，针毛直立，毛绒柔和并富于光泽，尾毛蓬松，颈部和腹部的毛皮在身体转动时出现一条条"裂缝"。第二，观察皮肤，将貉抓着用嘴吹开毛绒，观察皮肤颜色，毛绒成熟的皮肤呈粉红色。第三，试验剥皮观察。试剥的皮板，如整张的板面都呈白色，仅尾尖略带有青黑色，即可处死取皮。

二、处死方法

貉的处死方法很多，但都应该本着选择处死迅速，方法简便，人性化、遵从动物福利，不损伤、污染毛皮等为原则确定处死方法。目前，常用的方法有以下几种。

● （一）　药物致死法 ●

　　常用药物为横纹肌松弛药司可林（氯化琥珀胆碱），按照 0.75mg/kg 体重的剂量，皮下、肌肉或者心脏注射，狐、貉、貂在 3～5 分钟即可死亡。优点是狐、貉、貂死亡时无痛苦和挣扎，不损伤和污染毛皮，残存在体内的药物无毒性，不影响尸体的利用。

● （二）　心脏注射空气法 ●

　　用注射器在狐、貉、貂心跳最明显处插入注射器，如有血液进入注射器内，说明已刺入心脏，注射 10ml 空气，动物因心脏瓣膜受损坏而很快死亡。此方法不损坏毛皮，被毛不污染。

● （三）　普通电击法 ●

　　用连接电线的铁制电极棒，插入动物的肛门，或引逗狐、貉、貂来咬住铁棒，接通 220v 电压的正极，使狐、貉、貂接触地面，约 1 分钟可被电击而死。此法操作方便，处死迅速，不伤毛皮。

● （四）　窒息法 ●

　　此法效率较高，一次可窒死多只动物。方法是用一个密闭的木箱、铁箱或塑料箱，根据箱的大小，一次放若干只狐、貉或貂，然后通入二氧化碳或其他废气。这样，只需 10 分钟左右就可将箱内动物全部窒死。

　　对于小型养殖户来说，前 3 种方法简单易行，因此被普遍采用。

三、剥皮方法

貉的剥皮是十分细致的工作，剥皮要求下刀准确、动作轻，切忌划伤、划破皮板。

貉采用筒式剥皮法进行剥皮。屠宰之后，应在貉尸体尚有一定温度时进行剥皮，首先用无脂锯末或粉碎的玉米芯，把尸体的被毛洗净。其次是挑裆，即从后肢肘关节处下刀，沿股内侧背腹部长短毛分界线，通过肛门前缘挑至另一后肢肘关节处，然后从尾的中线挑至肛门后缘，把后肢两刀转折点挑通，即去掉一小块三角形皮。第三，抽尾骨，用刀将尾中部的皮与尾骨剔开，然后用手或钳将尾骨抽出，最后再将尾部挑开。第四，剥皮。剥皮时先用手指插入腿的皮和肉之间，先剥离后臀部，然后从后臀部向头部方向做筒状翻剥，剥至尿生殖器时，将尿道剪断，剥至头部时要注意保持耳、眼、鼻部皮张的完整，在这些部位要用刀割断皮和肉的连接处，切勿割大。为避免油脂、残血污染毛被，剥皮时，要在手和皮板上撒些锯末或麸皮。

第二节　鲜皮的初步加工

要使鲜皮达到商品规定要求，必须适时、正确地进行初步加工。鲜皮初步加工有以下 4 个步骤。

一、刮油

鲜皮皮板上附着油脂、血迹和残肉等，这些物质均不利于原料皮的晾晒、保管，易使皮板假干、油渍和透油，因而影响鞣制和染色，所以，必须除掉，称刮油。为避免因透毛、刮破、刀洞等伤残而降低皮张等级，必须注意以下几点。

（1）为了刮油顺利，应在皮板干燥以前进行 干皮需经充分水浸后方可刮油。

（2）刮油的工具一般采用竹刀或钝铲 也可用刮油刀或电工刀；

（3）刮油的方向应从尾根和后肢部往头部刮

（4）刮油时必须将皮板平铺在木楦上或套在胶皮管上勿使皮有皱褶；

（5）头部和边缘不易刮净可用剪刀剪去

（6）刮油时持刀一定平稳，用力均匀，不要过猛 边刮边用锯末搓洗皮板和手指，以防油脂污染被毛，大型饲养场可用刮油机刮油。

二、洗皮

刮油后要用小米粒大小的硬质锯末或粉碎的玉米芯搓洗皮张。先搓洗皮板上的附油，再将皮板翻过来搓洗毛被，以达到使毛绒清洁、柔和、有光泽的目的。严禁用麸皮或有树脂的锯末洗皮，影响洗皮质量。另外，洗皮用的锯末或麸皮一律要过筛，筛去过细的锯末或麸皮，因为太细的锯末或麸皮易黏在皮板或毛绒里，影响毛皮质量。

需大量洗皮时，可采取转鼓洗皮。将皮板朝外放进装有锯末的转鼓里，转几分钟后将皮取出，翻皮筒，使毛朝外，再次放进转鼓里洗皮。为了抖掉锯末和尘屑，再将洗完后的毛皮放进转笼里转。转鼓和转笼的速度要控制在每分钟 18 ~ 20 转，运转 5 ~ 10 分钟即可洗好。

三、上楦

洗皮后要及时上楦和干燥。其目的是使原料皮按商品规格要求整形，防止干燥时因收缩和折叠而造成发霉、压折、掉毛和裂痕等损伤毛皮。

上楦前先用纸条缠在楦板（图 6－1）上或做成纸筒套在楦板上，然后将洗好的貉皮套在楦板上，先拉两前腿调正，并把两前腿顺着腿筒翻入胸内侧，使露出的腿口与腹部毛平齐，然后翻转楦板，使皮张背面向上，拉两耳，摆正头部，使头部尽量伸展，最后拉臀部，加以固定。用两拇指从尾根部开始依次横拉尾的皮面，折成许多横的皱褶，直至尾尖。使尾变成原来的 2/3 或 1/2，或者再短些，尽量将尾部拉宽。尾及皮张边缘用图钉或铁网固定。也可以一次性毛朝外上楦，亦可先毛朝里上楦，干至六七成再翻过来，毛朝外上楦至毛干燥。

四、干燥

鲜皮含水量很大，易腐烂或闷板，为此必须采取一定方法进行干燥处理。貉皮多采取风干机给风干燥法，将上好楦板的皮张，分层放置于风干机的吹风烘干架上，将貉皮嘴套入风气嘴，让空气进入皮筒即可。干燥室的温度在 20 ~ 25℃，

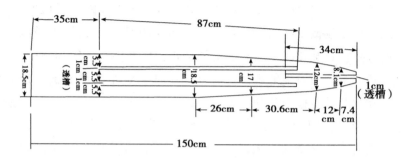

图 6 - 1 貉皮楦板

湿度在 55% ~ 65%，每分钟每个气嘴喷出空气 0.29 ~ 0.36m³，24 小时左右即可风干。小型场或专业户可采取提高室温，通风的自然干燥法。

干燥皮张时切忌高温或强烈日光照射，更不能让皮张靠近热源，如火炉等，以免皮板胶化而影响鞣制和利用价值。如果干燥不及时，会出现闷板脱毛现象，使皮张质量严重下降，甚至失去使用价值。防止闷板脱毛的方法是：先毛朝里、皮板朝外上楦干燥，待干至五六成时，再将毛面翻出，变成皮板朝里、毛朝外干燥。翻板要及时，否则将影响毛皮的美观程度。

五、贮存

干燥好的皮张应及时下楦。下楦后的皮张易出皱褶，被毛不平，影响毛皮的美观，因此下楦后需要用锯末再次洗皮，然后用转笼除尘，也可以用小木条抽打除尘。然后梳毛，使毛绒蓬松、灵活、美观，可用密齿小铁梳轻轻将小范围缠结的毛梳开。梳毛时动作一定要柔和而轻，用力会将针毛梳掉，最后用毛刷或干净毛巾擦净。然后 5～10 张一把，挂于通风的仓库内。装箱时要求平展不得折叠，忌摩擦、挤压和撕扯。要毛对毛、板对板地堆码，并在箱中放一定量的防腐剂。最后在包装箱上标明品种、等级、数量。

经过整理的毛皮，要争取及早出售，以防虫蛀、鼠咬。未出售前要注意放在通风、干燥的地方。存放皮的室温最好为 5～25℃，相对湿度为 60%～70%。

第三节　貉皮的收购规格

目前尚无全国统一的收购规格，仅以黑龙江，吉林等省试行的收购规格介绍如下，供参考。

1. 加工要求

按季屠宰，剥皮适当，皮形完整，头腿尾齐全，除净油脂，以统一规定的楦板上楦，板朝里毛向外呈筒形晾干。

2. 等级规格

一等：毛绒丰足，针毛齐全，色泽光润，板质良好，可带刀伤或破洞 2 处，总面积不超过 $11cm^2$，或破口长不超过 6cm。

二等：毛绒略空疏或略短薄，可带一级皮伤残，具有一级皮质，板质可带刀伤、破洞 3 处，总面积不超过 $16cm^2$，或破口长度不超过 9cm，或臀部针毛略受摩擦（即蹲裆），两肋针毛尖略受摩擦（即拉扯）。

三等：毛绒空疏而短薄，可带一、二级皮伤残，板质可带刀伤，破洞总面积不超过 $45cm^2$，臀部针毛磨擦较严重，两肋针毛擦伤较重，腹部无毛，较重刺脖。用不符合统一规定的楦板加工。

不符合等内要求的貉皮列为等外皮。

3. 等级比差

一等100%、二等80%、三等60%，等外按使用价值分为40%、20%、5%计价，低于5%使用价值的不收。

4. 长度规定　等内皮均分为0～6号，其具体长度比差是：

0 号　99cm 以上为130%

1 号　90～99cm 为120%

2 号　81～90cm 为110%

3 号　72～81cm 为100%

4 号　63～72cm 为85%

5 号　57～63cm 为70%

6 号　57cm 以下为55%

量皮方法：从鼻尖至尾根，求其长度，档间差就下不就上。

第四节　影响毛皮质量的因素

一、产地

1. 北貉皮

产于黑龙江省的黑河、萝北、抚远、饶河、虎林、密山等地，其张幅大、板肥厚，毛绒长而密，尾短毛绒紧、光泽油亮，呈青灰色，产量较多，质量最佳。产于北安、龙江、泰康、克山、尚志、延寿、宁安等地的貉皮，其张幅较小、板肥壮、色泽光润，但毛绒略薄，质量稍差。产于吉林省东部的貉皮，其张幅稍大，毛绒足，呈青黄色，北部和中部及其他地区产的，其张幅略小，色深浅不一。辽宁产的貉皮，其张幅较小，毛绒较空疏，呈青黄色。河北省西北部产的貉皮与辽宁省大致相同。

上述系指野貉皮，家养貉皮由于各地引种和育种工作的开展，质量均有改进。

2. 南貉皮

产于江南各省，比北貉皮毛峰短，底绒空，但鲜艳美丽，而且轻便。

二、季节

（1）冬皮　毛绒紧密，光泽柔润，峰毛高齐，皮板白，产季稍早的毛绒已达冬毛程度，但皮板后臂部呈灰暗色已达成熟期，称季节皮，即冬皮，其质量最好，多为等内皮。

（2）晚秋皮　毛绒较短，光泽好，峰毛平齐，接近成熟期，皮板臂部呈青灰色，属非季节皮，为等外皮。板质肥壮，弹性好，有柔韧度，称为肥板皮，质量次之，具有一定利用价值。

（3）秋皮　毛绒粗短而稀，光泽较暗，峰毛短平，产季较早，皮板背部呈黑色，称非季节皮，其利用价值不大。

（4）早春皮　毛绒长而底绒略黏乱，光泽较暗，产季较晚，皮板呈黄红色，弹性和油性不良，称非季节皮，有一定利用价值。

（5）春皮　毛绒长，底绒空薄，光泽暗淡，产季已晚，皮板发黄而且脆弱称非季节皮，其利用价值不大。

三、伤残痕迹及影响

（1）刺脖　貉子本身虽生有很厚的毛绒，但它经常缩脖休息，显示怕冷，久而久之，造成脖处毛绒短矮次弱，底绒稀落黏乱。

（2）癞貉子　由于小室湿，引起皮肤病，体质衰弱，从毛皮表面上看，峰毛稀疏、枯燥无光、底绒黏乱、皮板表面有癞痂。

（3）油烧板　因貉子皮油性大，脂肪刮得不干净，使皮板受到油的侵蚀而造成烧板。

（4）贴板　鲜的皮板未能及时上楦晾干，而使皮板贴在一起，在加工时贴板处会掉毛。

（5）流沙和掉毛　皮板受热或受闷，使针毛脱落者称为流沙，毛绒整片脱落者称为掉毛。

（6）拉沙　即毛峰磨损，轻者峰毛尖被擦秃，重者伤及绒毛要降级收购。人工饲养的貉，由于小室出口狭小，有时会出现这种情况。

四、饲养管理的影响

饲养管理的好坏直接影响家养貉皮的质量。如冬毛成熟期营养欠佳，会使毛绒空疏、针毛弯曲；笼舍或圈舍污秽不洁，垫草不及时，都会引起毛绒黏结；加工不当也会造成人为伤残等。

第五节　貉的副产品开发

貉除了皮张珍贵外，取皮后的副产品也有很高的经济价值。

貉肉细嫩鲜美，营养价值高，不仅是可口的野味佳品，而且还有药用价值，据《本草纲目》记载，貉肉可治元脏虚涝及女子虚惫。貉胆可代替熊胆入药。貉油具有烫伤药用价值，也是开发化妆品的上等原料。貉背部刚毛、尾毛还是制高级化妆刷、毛笔的工业原料。

第七章 貉的疾病防治

　　家庭养貉场做好了正常的防疫和卫生消毒工作，一般疾病不多，但对于大型的家庭养殖场，管理难度大，时常会遇到这样或那样的问题，特别是肠道性疾病发生较多，同时卫生消毒及管理不善等造成的传染病也较易发生，针对这些情况本书从疾病发生的原因、诊断、预防、治疗及常见病及其用药等方面介绍家庭养貉的疾病防治。

第一节　貉疾病的发病原因和诊断方法

一、疾病的概念与分类

　　疾病是指机体的一个或多个组织、器官的功能障碍或失常，即偏离了机体正常的生理状态的一种病理过程。在这个过程中常常引起机体的消瘦和死亡。引起貉疾病发生的原因很多，但基本上可将其分为生物性（如病毒、细菌等）、化学性（如各种药物、毒物中毒）和物理性（如高温、机械损伤等）三大类。

　　貉疾病的发生及其严重程度取决于多种因素，包括病因的性质、强度、感染方式和途径，貉的遗传特点（品种、品系）、龄期、健康状况及免疫水平，温度、湿度、卫生及管理水平，以及种种应激因素等。

在生产实践中，通常根据疾病是否具有传染性而将其分为传染性疾病和非传染性疾病两大类。

传染性疾病包括：病毒性传染病、细菌性传染病、体内及体外寄生虫病和真菌病等。

非传染性疾病包括：营养代谢性疾病、中毒病、内科病、外科病和杂病。

发生传染病要具备如下的条件。

（1）传染病都是由病原微生物引起的，每一种传染病都有它特定的病原微生物存在 如犬瘟热是由犬瘟热病毒感染引起的，病毒性肠炎是由细小病毒感染引起的，巴氏杆菌病是由多杀巴氏杆菌感染引起的。这需要通过病原分离鉴定，免疫学诊断方法等证实。

（2）传染病具有传染性和流行性 从患传染病貉体内排出的病原微生物，可通过不同途径传播给另一健康貉，并能引起同样的临床症状。当条件适宜时，在一定时间内，某一范围内或某一地区貉群被感染，致使大面积的传播和蔓延而形成流行。

（3）受感染貉具有特征性的临床表现 多数传染病都具有该病特征性的综合症状及一定的潜伏期和病程经过。如貉犬瘟热的眼、鼻变化及双相热型；貉阴道加德纳氏菌的流产和空怀。

（4）被感染的貉机体发生特异性反应 这种特异性反应是由于机体在病原微生物的抗原刺激下，机体发生免疫反应而产生抵抗该种病原的特异性抗体，可通过不同的免疫学诊断方法如凝集反应、琼脂扩散试验、对流免疫电泳、酶联免疫吸附试验等检测出来。

（5）耐过貉能获得特异性免疫 貉耐过传染病后，一般均能产生特异性免疫，使机体在一定时期内或终生不再感染该种传染病。

造成貉的传染病传播和流行的因素如下。

病原体由病貉排出后，可经两种方式传播给健康貉。

（1）直接接触传播 即在没有任何外界因素的参与下，病原体通过病貉直接接触健康貉而引起的传播。这种传播方式包括交配、舐咬等。如貉的阴道加德纳氏菌感染主要通过交配传播；貉的狂犬病通常只有被病貉或病犬等咬伤并随着唾液将狂犬病病毒带进伤口时才可能引起传染。

（2）间接接触传播 即必须在外界环境因素的参与下，病原体通过传播媒介使健康貉发生传染。如貉的犬瘟热、细小病毒性肠炎、巴氏杆菌及大肠杆菌等。

间接接触传播形式包括：经空气传播，如飞沫、尘埃等，呼吸道为侵入门户；经污染的饲料和饮水传播，主要以消化道为侵入门户；经污染的土壤传播，貉在笼养条件下，一般不会发生此类传播；经活的媒介物传播，如带菌或带毒的蚊、蝇、蜱、犬、鼠及人类等。

细菌性传染病和病毒性性传染病的区别：

貉发生传染病后，首先要明确由什么病原引起的，这对有效控制该传染病十分重要。传染病通常由两类微生物引起，即细菌和病毒。鉴别依据有以下几点。

（1）治疗性诊断 细菌性传染病选择适当的抗生素经一

定疗程的治疗症状明显减轻并痊愈；病毒性传染病用抗生素治疗无效或仅能引起缓解症状作用，不能治愈。

（2）经实验室诊断定性　通过对病死貉尸体剖检进行涂片镜检、分离培养和生理生化鉴定，对细菌性传染病即可定性；而病毒感染需检查"包涵体"或通过免疫学诊断，必要时要借助电子显微镜才能定性。病毒必须在特定的细胞中培养才能生长，在人工培养基上不生长，而且在普通光镜下，看不到单独的病毒粒子。

需要强调的是，有时病毒性传染病和细菌性传染病常合并感染或继发感染，这是检查者在实验室诊断时必须要考虑的。

此外，像支原体、附红细胞体等微生物既不属于细菌也不属于病毒，这在诊断时也必须考虑。同时要结合流行病学、临床症状及病理变化综合判断。一般在排除细菌和病毒感染后，就要考虑由其他微生物引起的传染病。

二、貉疾病的诊断要点

家庭养貉场一旦发病，要尽快搞清是什么原因引起的，这就是疾病的诊断。诊断在疫病防治上具有特殊意义，当某养殖场发生疾病时，首要任务就要做出诊断，及时的诊断往往可挽回兽群的重大经济损失。诊断通常包括流行病学调查、临床症状观察、病理组织学诊断、微生物及免疫学诊断等。由于各种疾病特点不同，上述诊断方法有时需综合应用，有时需靠其中之一或几种即可确诊。

● （一）流行病学诊断主要调查以下内容 ●

1. 最初发病时间、地点、发病季节、蔓延区域

发病动物的种类、数量、年龄、性别以及感染率（感染动物数/易感动物数×100%，发病率（发病动物数/易感动物数×100%），死亡率（死亡动物数/患病动物数×100%）等。

2. 饲料管理卫生情况、饲料和水源情况

3. 输出地区有无疫情，附近地区疫情情况

4. 本地过去类似疾病史，防制及疫苗注射情况

5. 临床症状、死后剖检情况，防制情况

6. 与其他环境及动物的关系。

● （二）临床检查 ●

包括一般检查、系统检查以及血、尿、粪等的常规化验。有些疾病具有特征性的症状，不难做出诊断。但不少传染病在临床上表现有许多类似的特征，容易混淆。因此，在进行临床诊断时，常采用类症鉴别的方法。就是把症状相似的有关疾病，比较它们的共有症状，分析它们的不同表现，通过分析比较，做出鉴别。

一般检查主要包括问诊、视诊、触诊、体温检查、尸体剖检及实验室检查等。

1. 问诊

是向现场技术人员或饲养人员了解病兽的发病情况和过程的一个首要步骤。这就要求饲养管理人员有较高的素质和责任心。当饲养的健康兽出现异常时，即是疾病发生的征兆，现场人员应全面掌握病兽的发病时间、发病数量、发病特点，

发病时是老兽多，还是小兽多；是公的多还是母的多；是体质健壮的多发还是瘦弱的多发；是集中还是散发；是急性还是慢性；疫苗免疫如何，都注射了何种疫苗，是否进行了定期免疫；治疗是否有效，采用什么方法治疗的，疗程多少天；饲料的质量如何，营养是否全价，是否突然更换饲料，种兽的质量如何，是否从外地新购进种兽，购进种兽后是否进行过详细观察，是否隔离饲养，购进的种兽是否注射过疫苗，进场后是否再次进行过疫苗注射。以上都是现场技术人员或饲养人员必须了解的最基本情况，这样对整个疾病的诊断奠定了一定的基础，在这个基础上，专家对整个疾病发生发展将产生总体认识，这对进一步确定病因乃至定性无疑是一个重要的参考依据。

2. 视诊

对经济动物的视诊在疾病的诊断上尤为重要，通过视诊可以发现动物疾病的主要临床特征，如动物营养状态，精神状况，呼吸是否正常，有无鼻液，咳嗽，粪便是否异常，对刺激的反应行为是否正常，有无颜色变化，有无外寄生虫感染，皮肤有无皮屑、溃疡、水泡或顽固性皮炎。

3. 触诊

对经济动物的触诊必须在人工捕捉后方能进行，在发病期，捕捉将增加紧张度，使病势加剧，因此，要求具有丰富临床经验的工作者快速而准确地掌握其触诊要点，具体检查的项目包括皮肤的湿度、皮肤温度、皮肤的弹性、皮肤是否有肿胀，如全身皮温增高，见于发热性疾病、中暑等，皮温降低，四肢发凉，为休克和濒死期的征兆。

4. 体温检查

这对经济动物的诊断较重要，一般地讲，传染性疾病都有不同程度的体温升高现象，而普通病、中毒性疾病、寄生虫病等一般体温不升高。

5. 尸体剖检

尸体解剖检查在现场诊断上具有重要意义，在缺乏实验室诊断的情况下，现场往往就是通过临床症状和尸体剖检进行初步定性的。尸体解剖检查首先要保证动物尸体新鲜，最好死后立即剖检，如放置过久，特别是在夏季尸体放久就会发生腐败，而影响其真实病变。在解剖时，还应特别注意选好合适的地点，防止污染，解剖后要采取深埋、焚烧、消毒等彻底处理，以免发生传染扩散。

解剖时要详细做好记录，如动物的品种、性别、年龄、剖检时所观察的病变等，剖检时应按皮下、腹腔、胸腔及其他顺序检查。

皮下检查：可在剥皮的同时进行，主要检查有无出血、水肿、脱水、炎症和脓肿等病变。

腹腔检查：包括对肝、脾、胃、肾、肠、膀胱、肠系膜淋巴结的检查。对肝着重检查有无肿胀、出血、结节、坏死、颜色是否正常。对脾要观察其大小、颜色，有无出血、梗死、坏死及结节。检查肾脏要注意其色泽、质度、大小、表面有无出血。对胃主要检查胃黏膜是否完整，有无出血，黏膜有无肿胀，内容物的数量，气味，有无寄生虫、异物等。检查肠先注意其外观的病变，肠系膜淋巴结的大小、色泽、出血等变化，再切开肠管，注意肠黏膜有无出血、肿胀，肠壁的厚度，内容物的色泽、性状。检查膀胱重点观察是否出血，充盈度，尿液的色泽。

胸腔检查：主要检查心脏和肺，检查心脏时先观察其外膜、冠状沟、心脏纵沟、冠状脂肪、心耳等有无出血。心肌是否弛缓，切开时观察心内膜有无出血，心室是否扩张。检查肺之前先注意胸腔液的数量、性质、色泽、气味、胸膜有无粘连。检查肺时注意其颜色、出血性质及程度，表面有无结节，切开气管和支气管，注意其表面有无炎症。此外，对临床上神经症状较突出的病例，打开颅腔，检查脑膜有无充血、淤血或出血，脑室内有无积水。

● （三）病理解剖学诊断 ●

多数疾病都有其特有的病理变化，所以病理剖检对疾病的诊断有很大意义。剖检不能得到明确结论时，应将病理材料送检到有能力进行检测的科研院所，进行微生物学和病理组织学诊断。

病料送检及注意事项：

貉的很多疾病在临床上都难以确诊，因此，最后定性还需要进行实验室诊断，这就涉及如何采集病料，保存及送检等注意事项，以保证结果的可靠性。如果发病时能及时和科研院所联系，让专业人员自己采样当然更好，但有时受条件所限，当疑似貉发生传染病，用抗生素等治疗无效或作用不明显时，应立即采集病料送检诊断定性。

1. 可直接送完整的尸体

如果是短途送检，将已死亡或处于濒死期的貉装到纸箱中，内放置用塑料袋封好的冰块，再将箱封严送检，时间不要超过 12 小时，若为长途送检，必须对新死亡的尸体预冻，然后装在保温箱中，再冰镇后送检。

2. 采集病料送检

一般情况下应全面采集，但必须在貉死后立即采集或迫杀濒死期貉采集病料。采集病料使用的剪子、镊子及刀等必须经消毒处理。盛病料的器具可用灭菌的三角烧瓶或一次性方便袋均可。

实质性脏器：如肝脏、肺脏、脾脏、心脏、肾脏、淋巴结等最好采集整个脏器。

肠管：选择病变明显的一段肠管两端用线绳结扎后放容器中送检。

流产胎儿：将整个胎儿放塑料袋中送检。

血液：静脉或趾爪采血 2～3ml，用试管收集全血，加塞盖严后送检。

脑组织：开颅后取出大脑和小脑，纵切两半，一半放50% 甘油生理盐水瓶中供微生物检验用，另一半放 10% 的戊二醛溶液内供组织学检查和电镜检查用。

皮肤：用锋利的外科刀刮取病变部皮肤组织放容器中送检。

一般要求供细菌学检查的脏器病料放 30% 的甘油生理盐水中保存；供病毒检查的材料放 50% 的甘油生理盐水中保存；供组织学和电镜检查的病料放 10% 的戊二醛溶液中保存。

但对很多养殖户或场家，都不容易达到要求。因此，通常要求将新鲜病料采集后放容器或一次性方便袋中，封严后将其放入保温瓶或保温箱中，内加足量的冰块后立即送检，如途中不超过 24 小时，一般对检验结果无影响。

如送检多个貉病料，不要将同类脏器放一块，一定要每个脏器分别用单独的容器或方便袋，多个貉病料送检，要标明貉号，以免混淆。

以甘油生理盐水或戊二醛保存的病料常温下送检即可。

禁止送检死亡过久或腐败变质的病料，这种病料对诊断毫无疑义而且还拖延了诊断时间，对疾病的及时有效控制极为不利。

要求送检人员对貉的整个发病情况应十分了解或有翔实的记录，最好是现场技术人员亲自送检。这样能提供貉发病过程的全部信息，这对实验室诊断工作者来说是十分必要的，可有目的的进行检验，既节省时间，结果又可靠。

● （四）微生物学诊断主要包括以下方法 ●

1. 显微镜检查

主要用于对细菌、寄生虫引起的疾病检查，但对大多数疾病来说，仅供参考依据。

2. 分离培养

从待检的病料中分离病原体，进行形态学、培养特性、生化特性等检查，并结合镜检、血清学检查及动物试验等做出鉴定。

3. 动物试验

根据对敏感实验动物的致病性、症状、病理变化等做出诊断。动物接种试验应按微生物分离鉴定的要求取材，用灭菌生理盐水或灭菌蒸馏水制成 1：10 悬液，然后选择适当的途径接种于易感动物如小白鼠、家兔、豚鼠等，必要时也可采用同种动物。如果是检查病毒时，可在病料悬液中，按每毫升加入青霉素、链霉素各 500 ~ 1 000 国际单位，置冰箱中作用 1 ~ 4 小时，以抑制病料中的杂菌，然后接种易感动物。也可将病料悬液经细菌滤器滤过取其滤液接种。接种后的动物应仔细观察病理过程，隔离饲养，设对照组。实验动物死亡后或经过一定时间扑杀，立即进行病理学检查、镜检和分离培养检查。

● （五）　免疫学诊断 ●

免疫学诊断是特异快速的实验室诊断技术，常用的方法有凝集试验、沉淀试验、补体结合试验、荧光抗体试验、琼脂扩散及变态反应试验等。

第二节　貉病综合防制措施及常用药物

一、貉疾病卫生防疫原则

● （一）　动物场卫生 ●

家庭养貉场最好有专业的养殖地点，动物场应选择地势高、干燥、地面平坦，又具有一定坡度，窝风向阳的场地。场址距居民区至少 500m 以上，距铁路或公路 300m 以上。笼舍或棚舍应东西走向。生产区门口必须设有消毒槽，场内应保持清洁，应定期除粪，食盆、水盆、饲槽等要定期或食后洗刷消毒。可采用下列消毒方法。

化学消毒　通常貉场使用下列常用化学消毒剂：地面消毒以生石灰最佳，持续时间长，效果可靠。场地临时消毒也可使用3%~5%的石炭酸，5%~10%的煤酚皂；饮食器具消毒选用高锰酸钾，其使用浓度为0.1%；笼子、产箱消毒选用2%~4%的氢氧化钠或1%~2%碳酸钠；貉笼消毒选用百毒杀喷雾效果较好。貉场饲养人员及器具消毒选用新洁尔灭，使用浓度为0.1%；貉外伤感染处理常使用3%的过氧化氢（又名双氧水）；手术消毒如剖腹产等常使用0.1%的新洁尔灭，75%的酒精，2%的碘酊；阴道炎和子宫内膜炎冲洗时常用0.1%的高锰酸钾，0.05%的新洁尔灭。

物理消毒　貉场常用物理消毒方法如下。

1. 紫外线消毒

如更衣室的紫外灯对工作服照射，垫草放强光下晾晒等。

2. 煮沸消毒

如食盒、饮具、饲养人员的衣服、手套等都可使用煮沸的方法消毒。

3. 火焰消毒

如用酒精、汽油喷灯或煤气火焰对笼舍的消毒，尸体焚烧也属于火焰消毒范畴。

4. 机械性清除

如清扫粪便、洗刷、通风等。

定期驱虫：貉患寄生虫病时，不仅影响生长发育，而且严重时还导致其死亡。因此，每年都要定期、适时进行驱虫。目前，高效、广谱、低毒的驱虫剂种类较多，可选择使用。

定期灭鼠：鼠是某些传染病的直接传播者，也是某些病原的携带者。因此，貉饲养场应定期灭鼠，切断由鼠传播的疾病。

● （二）饲料卫生 ●

（1）禁止从疫区采购饲料　尤其是犬瘟热、病毒性肠炎、巴氏杆菌病等传染病疫区。从疫区采购患病的肉类饲料会引起疫病的暴发流行，造成不应有的经济损失。

（2）禁喂霉烂变质的饲料　发现变质、腐烂饲料应及时、认真剔除。经验证明，貂吃了腐烂变质的饲料，轻者引起厌食、拒食、感染各种疾病，导致妊娠母兽胚胎吸收、死胎、烂胎、流产、难产，仔兽发育不良，母兽缺奶；严重造成大批死亡。

（3）禁止饲喂被化学物以及鼠害污染的饲料

（4）对采购的每一批饲料都必须进行质量、卫生检疫确认质量可靠后方能利用。

（5）对貂除一些确认为新鲜卫生的肉类、畜禽屠宰厂下脚料和新鲜的海产鱼类饲料可以生喂外，对产于江河、湖泊的淡水鱼，存放时间较长的家畜、禽副产品必须进行高温蒸煮处理后饲喂

（6）能够进行清洗的饲料　在饲喂前都应用清水洗干净再饲喂，既促进食欲，又可防止疾病的发生。

● （三）饮水卫生 ●

（1）严禁给貂饮用死水和被污染的水　污水是肠道传染病和中毒性疾病的重要死因。饲养场的用水要达到国家规定的人饮用水的标准，在无自来水的地区，可用清洁的泉水或井水。水的质量较差时，要进行纯化和消毒处理。

（2）饮水应充分供给　特别是繁殖季节和夏天，供水不

能间断，要勤给勤换，水盒或其他饮水用具应及时更换消毒。足够的饮水有益于动物的健康。

● （四） 管理卫生 ●

包括饲料加工卫生、食具卫生、棚舍卫生和环境卫生等方面。

（1）饲料加工车间的卫生防疫非常重要 装修加工车间的地面和墙壁时，最好采用水泥或瓷砖等原料，有利于冲刷、清洗和消毒。

（2）鲜饲料的加工器具、喂食用具 应每次使用后彻底清洗，并定期用药或煮沸消毒。

（3）对饲喂新鲜动物性饲料的貉的食盒、水盆、食桶应每顿清洗消毒，或蒸煮消毒，或用热碱水浸洗后用水冲净。

（4）貉场的粪便应及时清除 并集中堆放发酵处理。

（5）棚舍要保持清洁，场内应平整无低洼积水 棚舍应经常清扫和消毒，保持笼舍的卫生。春季和秋季都要进行一次彻底清扫和消毒，养殖场的地面消毒使用20%的石灰乳为好。

（6）注意棚舍、笼舍的通风 防止饲养密度过大。

● （五） 尸体及粪便处理 ●

对死亡动物尸体的处理应该是严格的，有很多经济动物饲养场往往不注意这一点，如随意在场内的某一点解剖，解剖后污染的地面不作任何处理，尸体及内脏乱扔，甚至吃其肉，用其副产品，这是极其危险的。不明原因的任何一种动物解剖或不解剖都需做深埋或焚烧处理。解剖动物必须在固定的屋内或场外安全地点进行，解剖后应对污染的地面、用具等彻底消毒。

　　粪便中含大量的病原微生物、寄生虫的虫卵和幼虫，在管理粗放卫生不良的饲养场，常导致饲料、饮水的污染，造成疫病的流行。因此，对其及时清除并做无害处理，是不容忽视的。一般多采用发酵产热，能杀死许多病原微生物和寄生虫及其虫卵。

■ 二、貉疾病防疫措施

　　防疫工作是貉饲养业重要的一环。主要针对预防和防止传染病的发生和流行。传染病是指由特定的病原微生物（细菌、病毒、寄生虫等）引起的一类疾病，一旦发生往往导致大群动物死亡或严重影响生产力。因此，在貉养殖业中应特别注意防疫工作。防疫工作应着重加强引起传染病发生的 3 个环节即传染源、传播途径和易感动物等的预防和控制。

● （一）采取预防措施，消灭病原，切断传播途径 ●

　　（1）避免养殖场的办公室和生产区混杂在一起　一般要禁止非工作人员进入养貉场，特别是生产区要谢绝参观。严禁发生畜禽疫病地区的人员接进养殖场。

　　（2）禁止养殖场外的动物（如犬、猫、野狐等）进入　也尽量避免其他动物混养在貉场内，特别是一些对某种疫病易感的动物混养。

　　（3）养殖场的出入口，应设立消毒槽　进场的人员和车辆要先消毒、后进场。

(4) 从国内外引种或串换种兽　应执行国家有关规定，将种兽放置到符合隔离条件的隔离场内进行隔离，隔离期一般在 30 ~ 60 天，在此期间进行检疫，必要时免疫注射，证明健康后方能合群饲养。

(5) 病死貉的剖检场地　要进行严格消毒处理。特殊病死貉要深埋、焚毁。

● （二）免疫接种（包括平时预防性接种和紧急接种）●

1. 预防接种

预防接种是在健康貉群中为防止某些传染病的发生，定期有计划地给健康动物进行的免疫接种。预防接种通常采用疫苗、类毒素等生物制剂，使貉自动免疫。免疫后的貉可获得数月至一年以上的免疫力。各养殖场根据本场貉群往年发病情况及周围疫情，制定本年度的防疫计划。一些危害较大的传染病如犬瘟热、病毒性肠炎、巴氏杆菌病、阴道加德纳氏菌、绿脓杆菌等都应年年进行免疫。此外，还有临时性预防接种，例如调进调出貉时，为避免运输途中或达到目的地后暴发流行某些传染病，可采取免疫预防。下面着重介绍一下疫苗的使用。

（1）貉常用疫苗在运输和保存时的注意事项　目前，我国貉常用疫苗包括以下几种：犬瘟热疫苗、细小病毒肠炎疫苗、貉阴道加德纳氏菌疫苗、貉绿脓杆菌疫苗、貉巴氏杆菌疫苗等。这些疫苗当中，有的是湿冻苗，有的是普通温度保存苗。对湿冻疫苗，运输时必须有保温装置，严格封闭后运输，运输过程中严禁打盖检查等，运输时间夏季不能超过

48 小时，冬季不能超过 72 小时，到达运输地点后，立即将疫苗取出放冷库或冰柜中贮藏，温度最好在 -15℃ 以下；对普通温度保存苗可在常温下运输，途中在夏季最好不超过 15 天，如在 25℃ 以上温度运输，最好也将疫苗放在保温箱中，内加冰块，在较低温度下运输，到达运输地点后，放 2~8℃ 或 4~10℃ 冰箱中保存或包装封闭好放在干燥、避光、清洁的地方保存。

（2）给貉接种疫苗预防免疫时的注意事项　对湿冻疫苗事先用冷水令其快速融化，如貉犬瘟热疫苗。注射器与针头煮沸消毒，一个貉一只针头，注射部位最好先用2%的碘酊擦拭后，再以75%的酒精棉球脱碘。大群注射时，也可直接以酒精棉球消毒，注射前必须将疫苗充分振荡均匀，并要仔细检查疫苗瓶有无裂缝，瓶盖是否松动，性状是否有所改变，凡确定有异常的都不能使用或与场家联系征求意见。不论是湿冻苗还是常温保存的苗，每瓶启用后应一次用完。

注射前详细看说明书，严格按说明操作。某些疫苗注射后貉可能发生暂时性的微热反应及食欲减退、精神不振等，属正常反应。个别貉（1%~2%）可能出现呕吐、肌肉震颤等过敏反应，及时用肾上腺素或地塞米松抢救。

（3）给貉注射常规疫苗，联苗好还是单苗好　联苗具备一针多能优点，省时省力，减少对貉的捕捉次数，降低应激反应。但从免疫效果看，联苗不如单苗可靠，联苗要想达到每个单苗的免疫效力较困难，这不仅是由于制造时联苗中的每种单苗的浓度，而且从理论上讲，特别是病毒联苗，还存在着较突出的抗原竞争和免疫干扰现象。通常认为，机体对一种抗原（也称疫苗）的反应较强，产生抗体多，对另种抗原的免疫反应可能就会受到某种程度的抑制。因此，从提高免疫效果的角度看，使用单苗更可靠些。

（4）貉用常规疫苗免疫失败的原因　在我国各地饲养的貉，虽然人们每年都按常规接种疫苗，但某些传染病几乎每年在全国范围内都有散发，分析和总结有以下原因：①疫苗效价低，免疫后不能产生有效保护，这是疫苗生产场家在检验时不能严格把质量关所致。②疫苗在运输和保存过程中出现问题，如湿冻苗在运输时保温不好或封闭不严实或在贮存时温度偏高都能造成效价折损。③免疫剂量不足，如没有详细看说明书或记错免疫剂量，注射时急于操作看错针管刻度或漏注。④免疫程序不当。没有按疫苗的免疫程序去做，疫苗免疫注射过早或过晚。⑤疫苗融化后放置时间过长。特别湿冻的病毒疫苗融化后必须在 6 小时内注射完，如在夏季，融化后长时间放置，病毒将失活，造成免疫失败。⑥同步接种产生的后果。这主要发生在夏季，有些养貉场或户，对仔貉同步接种，结果早生下来的貉已断乳超过 15 天以上，甚至达到 25～30 天，此时可能已潜伏感染，当接种疫苗后出现疫病的发生。⑦疫苗接种过早。指的是在断乳后 15 天内接种疫苗，由于母源抗体的干扰，接种疫苗后，母源抗体中和了疫苗部分抗原，其实质相当于免疫剂量不足而导致免疫失败。

2. 紧急接种

紧急接种是为了迅速扑灭疫病的流行而对尚未发病的貉群进行的临时性免疫接种。当貉发生传染病时，病原检验定性后，对细菌性传染病，虽然可用药物控制，但治愈率总是有限度的，对病毒性传染病，药物治疗仅能控制继发感染。紧急接种是在已确定感染病原基础上用疫苗进行特异免疫，在机体产生特异抗体后，即能清除和中和病原，一般疫苗于接种后 5~7 天即能产生抗体，其体内抗体浓度逐渐上升，当其抗体水平达到一定高度时，即可形成免疫保护。通常在紧急接种 10~15 天后，新病例不再出现，流行停止。如为灭活疫苗，不仅能保护健康貂，对病貂也有一定程度的保护，如病毒性肠炎疫苗、巴氏杆菌疫苗等；如为弱毒活疫苗则仅能对健康貂保护，对有症状貂或已带毒但未出现症状的潜伏期感染貂则促进症状加重或出现症状，这是活疫苗紧急接种时必然出现的结果，属于正常反应。但总体上还是保护了大多数健康貂。如潜伏期感染的貂，迟早会出现症状的，特别是病毒性传染病更是不可避免的。如貂发生犬瘟热或病毒性肠炎时，用化学药物无法控制，必须进行紧急接种，否则流行幅度将逐渐上升，最后将出现无法控制的局面。

● （三）疫病发生后采取的措施 ●

1. 隔离与封锁

隔离：当貂场发生疫病时，将患病貂、可疑貂和健康貂隔离饲养，以便清除传染源，切断传播途径。对于临床症状明显的貂应在彻底消毒情况下移入隔离区，这类貂是最危险的传染源。对这些貂要有专人饲养，严加护理和治疗，不许越出隔离场所。对于可疑貂（指无临床症状但与病貂或其污染的环境有过明显的接触的貂），应在消毒后另地看管，认真观察。这类貂可能处于潜伏期，出现症状的则按病貂处理。

此期间可采取免疫接种或药物治疗，1~2周后不发病者，可取消其限制。对于假定健康群，应与前两者分开饲养，同时立即进行紧急接种。

封锁：当暴发某些传染病时，除严格隔离患病貉外，还应划区封锁。采取"早、快、严、小"的原则，亦即执行封锁应在流行早期，行动要果断迅速，封锁要严密，范围不宜过大。①在封锁区边缘设立明显标志，禁止易感动物通过封锁线。在必要的交通口设立检疫消毒站，对必须进出的车辆、人和非易感动物进行消毒。②在封锁区内做好以下工作。病貉进行治疗、扑杀等处理；彻底消毒污染的饲料、场地、笼舍、用具及粪便等；病死的尸体应深埋、焚烧；禁止从疫区输出动物和物品；对疫区和受威胁区内易感动物及时作预防接种，建立防疫带；在最后一只病貉痊愈、急宰和扑杀后，经过一定封锁期，再无疫病发生时，经全面的终末消毒后解除封锁。

2. 消毒

消毒的目的是消灭被传染源散布于外界环境中的病原体，以切断传染途径，阻止疫病继续蔓延，是综合性防疫措施中的重要一环。消毒方法分为物理的、生物的和化学的3种。根据消毒的目的，可分为3种情况：①预防性消毒：即平时对笼舍、场地、用具及饮水等进行定期消毒，以达到预防一般传染病的目的；②紧急消毒：为及时消灭某些排泄到某些环境中的病原体而采取的措施，这种消毒可为一次性或在解除封锁前，进行的多次消毒；③终末消毒：即在解除封锁时，为了消灭疫点可能残留的病原体所进行的全面彻底的大消毒。

3. 治疗

发生疫情后，采取适当的治疗方法，是控制传染病的方法之一，同时还可以减少貉死亡的经济损失。一般情况下，一些细菌性传染病、寄生虫性疾病可通过有效的药物治愈。

治疗貉消化系统疾病常用药物有：

（1）抗菌消炎药　如庆大霉素、卡那霉素、黄连素、诺氟沙星、环丙沙星等。

（2）助消化药　如维生素 B_1、乳酶生、胃蛋白酶等。

（3）收敛止泻药　如药用炭、鞣酸蛋白、次硝酸铋等。

（4）消化道止血药　如止血敏、仙鹤草素、维生素 K_3 等。

（5）制酵药　如鱼石脂、大蒜酊。

（6）消沫药　如松节油、植物油。

（7）止吐药　如胃复安、胃得灵、呕必停等。

（8）驱虫药　如伊维菌素、左旋咪唑、驱蛔灵、肠虫清及通灭等。

治疗貉呼吸系统疾病常用的药物有：青霉素、红霉素、庆大霉素、氨苄青霉素、麦迪霉素、乳酸环丙沙星、氧氟沙星、磺胺嘧啶、板蓝根、大青叶等。

治疗貉泌尿系统疾病常用药物有：拜有利、青霉素、庆大霉素、阿莫西林、诺氟沙星、环丙沙星、小诺霉素等。

特异性治疗指貉发生传染病时，使用与该病原相对应的抗血清治疗。这种抗血清通常都是用异种动物如犬、羊等的血液制备成的高度免疫血清，给貉注射后，能与病原直接中和达到治疗目的。

但从目前市场上出售的商品高免血清如抗犬瘟热、抗细小病毒性肠炎等单联或多联血清给貉在发病初期使用效果尚有一定效果，而在发病中后期几乎无作用。

第三节　貉常见病毒性传染病及其防治

一、貉犬瘟热病

犬瘟热病是由犬瘟热病毒引起的一种高度接触性传染病，它早期以双向热、白细胞减少、急性鼻卡他，以及随后的支气管炎、卡他性肺炎、严重的肠胃炎和神经症状为特征，少数病兽的鼻和足垫可发生角质化过度。犬瘟热病是我国貉养殖场发生最多的传染性疾病，给貉养殖业造成了巨大的经济损失（图7-1~7-5）。

病原

犬瘟热病毒为RNA病毒，主要存在于病兽的鼻液和唾液中，也见于眼分泌物、血液、脑脊髓液、淋巴结、肝、脾、脊髓、心包液及胸腹水中，通过尿液向外排毒，污染环境。本病毒可以在犬、雪貂、犊牛肾细胞以及鸡成纤维细胞中生长繁殖，在犬肾细胞中形成多核体以及核内或胞浆内包涵体，可在鸡胚中培养。此病毒对紫外线和乙醚等有机溶剂敏感。最适pH值7.0，在pH值4.5~9.0条件下也可以存活。在-70℃可存活数年，冻干可长期保存，但对热不稳定，在60℃的环境下，30分钟即可灭活，日光直射14小时可使病毒死亡。病毒对3%甲醛溶液、5%苯酚以及3%苛性钠溶液等敏感，能迅速失活。病犬为本病传染源，可通过空气飞沫、污染的饲料和饮水传播。主要经呼吸道和消化道感染，也可经眼结膜和胎盘感染。寒冷的冬季和早春多发，并形成3年一反复的周期性发病。断乳后的仔兽最易感，死亡率也高。

症状

①潜伏期3~4天，也有的长至30天。病兽初期精神沉郁，食欲不振或无食欲，眼鼻流出浆液性分泌物，以后变为脓性，有时混有血丝，发臭。体温升高至39.5~41℃，持续约2天，以后下降到常温，其他症状也好转，几天后体温又升高，持续数周（双相热型），病情又趋恶化，鼻镜、眼睑干燥甚至龟裂，厌食，常有呕吐和肺炎发生，严重病兽发生腹泻，水样便，恶臭，混有黏液和血液。②神经症状一般在感染后3~4周出现，经胎盘感染的幼犬可在4~7周龄时发生精神症状，且成窝发作。神经症状视病毒侵害中枢神经系统部位不同而有差异：呈现癫痫、转圈、共济失调、反射异常、颈部强直、肌肉痉挛、咬肌群反复节律性颤动是本病常见症状。严重者出现惊厥昏迷，最后死亡。仔兽于7日龄内感染时常出现心肌炎、双目失明；幼犬在永久齿长出前感染，则表现牙齿生长不规则；妊娠兽感染后可发生流产、死胎和仔兽存活率低等症状。③本病单独发生时，症状轻微，但因常发生继发感染，病程差别很大，一般2周或稍长些，并发肺炎或肠炎的病程可能较长，发生神经症状的病程则更长，病死率差异也很大，在30%~80%不等。

图 7 - 1   貉犬瘟热引起的脓性结膜炎

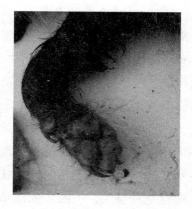

图 7 - 2   貉犬瘟热引起的脚垫增厚

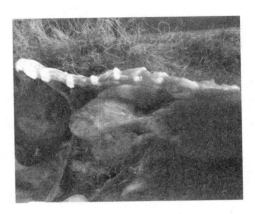

图 7 - 3　貉犬瘟热引起的肺脏病变

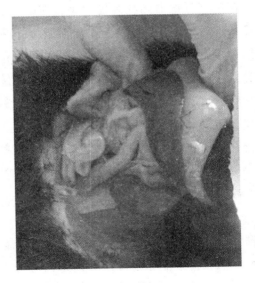

图 7 - 4　貉犬瘟热引起的肝脏病变

图7-5 貉犬瘟热引起的脾脏病变

诊断

因经常存在混合感染和细菌性感染，使临床症状较为复杂，根据症状和病变不易诊断，只有将临床症状和实验室检查结果相结合才能确诊。实验室检查主要包括以下几个方面：①包涵体检查：生前可采取鼻、舌、眼结膜等处分泌物，死后则刮取膀胱、肾盂、胆囊胆管黏膜组织做成涂片，干燥染色镜检，如有包涵体颗粒，可基本确诊。②病毒分离：直接从患病动物中分离较困难，但感染幼犬后，采病料经细胞培养分离。③血清学诊断：中和试验、荧光抗体和酶标抗体法都可诊断本病。

防治

发现疫情应立即隔离病貉，深埋或焚烧病死貉尸，用消毒液对器具、场地、貉舍等进行彻底消毒，对未出现症状的同群貉和其他受威胁貉紧急预防注射。病貉使用血清和抗生素进行治疗，具有一定疗效，抗生素类药物对此病无效，但能控制继发感染。平时要严格遵守兽医卫生防疫措施，坚持使用疫苗防疫，吉林特研生物技术有限责任公司生产的犬瘟热 CDV3 株活疫苗对本病有良好的预防效果，每年春秋各免疫一次，每次 4ml。该疫苗已在市场上市应用了 30 多年，对貉犬瘟热疾病的预防起到了积极的促进作用。免疫时确保貉没有感染犬瘟热或犬瘟热潜伏期，若在发病期和潜伏期免疫将造成大面积死亡。

预防犬瘟热有效措施是进行疫苗接种。目前，我国制造的犬瘟热疫苗均为活毒疫苗，免疫持续期限定在 6 个月，选择适宜时机进行接种可有效预防貉犬瘟热的发生。通常于每年的 1 月中旬前对种貉群进行一次免疫，剂量为每只皮下注射 3ml，第二次免疫是在仔貉断乳后 15～30 天再加强免疫一次。同时也要避免仔兽的过晚接种，如断乳后超过 21 天，母源抗体对仔貉已没有保护作用，此时极易受犬瘟热病毒的侵袭，随时可发生犬瘟热感染，因此，对仔貉的免疫要认真对待，一定要按免疫程序操作。

一旦确定貉群为犬瘟热感染，对全群貉应立即进行紧急接种（已出现症状的建议不接种），剂量可增加到正常免疫量的 2 倍。

对病貉隔离治疗，特别是对初期发生犬瘟热的病貉首先给以大剂量（20～30ml）抗犬瘟热血清，皮下分点注射或加地塞米松静脉注射效果更佳。同时用抗生素肌注或静注控制消化道和呼吸道炎症。如庆大霉素，每次 8 万单位，每日 2 次；乳酸环丙沙星，每次 10mg，每日 2 次。配合维生素 C，维生素 B_1，维生素 K_3 辅助治疗。无食欲的以 5% 的葡萄糖生理盐水输液，腹泻严重的静脉输入 5% 的碳酸氢钠 5～

10ml。此外，干扰素、转移因子、病毒唑、黄芪注射液等对犬瘟热的治疗都有协同作用，可抑制病毒蛋白的合成。

对死亡的病貉要深埋或焚烧，不可随意乱扔，禁止剥皮。当流行停止时，对场舍及一切污染的用具应进行一次彻底大消毒。在流行期间及在流行停止1个月内禁止对外出售种貉或串换种貉。

二、貉病毒性肠炎

又称传染性肠炎，是由细小病毒引起的一种急性、热性、高度接触性传染病。特征是高热、出血性肠炎和心肌炎。本病发病急、传播快、流行广、有很高的发病率和死亡率，多呈暴发性经过。本病于1984年8~9月开始在黑龙江省部分地区首次发生，继而在各地貉场和养貉专业户的貉群中流行，是严重危害养貉业的重大传染病之一（图7-6和7-7）。

病原

貉传染性肠炎病毒属于细小病毒科细小病毒属，在电子显微镜下为直径23~28μm的球型粒子病毒，基因组成为单股DNA。颗粒形态多为六角形或圆形，呈20面对称囊膜，病毒衣壳由23个长2~4μm的壳粒组成。本病毒对外界环境有较强的抵抗力，在污染的貉舍里能保持1年的毒力，于56~60℃存活60分钟，在pH值3~9稳定。病毒对胆汁、乙醚、氯仿等有抵抗力，煮沸能杀死病毒，0.5%福尔马林、苛性钠溶液，在室温条件下12小时可使病毒失去活力。病毒在40℃、22℃、25℃条件下能凝集猪和恒河猴的红细胞。此特点对本病的诊断有重要意义。

本病主要由直接接触细小病毒或间接接触病貂的粪便、尿液、呕吐物、唾液及污染的食物、垫草、食具而感染。康复貂粪尿中有长期带毒的可能性。此外，还有一些无临床症状的带毒貂，也是危险的传染源。本病的发生无明显季节性。

症状

病貂精神沉郁，食欲减少直至完全废绝，拱腰卷缩于笼内，似有腹痛症状。呕吐、腹泻症状明显，呕吐物开始呈黄水状，有的带有少量食物残渣，后期均为胃液。腹泻物颜色各不相同，早期为黄白色、粉红色，亦有黄褐色，后期则为咖啡色、巧克力色或煤焦油状；有的带有血样物或粉红色黏膜样物；有的粪便呈不规则的圆柱状。笼内外到处是污物及粪便，貂躯体亦常被污物弄脏，到后期极度衰竭死亡。病程短则 1 ~ 2 天，长者 5 ~ 6 天死亡。少数能耐过，多为发育不良或成僵貂，即使长大也多不能繁殖。成年貂发病症状较轻，呈一过性腹泻，且多能治愈。本病的潜伏期为 7 ~ 14 天。一般先呕吐后腹泻，粪便先呈黄色或灰黄色，覆有多量黏液及伪膜而后粪便呈番茄汁样，带有血液，有特殊难闻的腥臭味。病貂精神沉郁，食欲废绝，体温升至 40℃ 以上（也有体温不升高的），并迅速脱水。也有患貂呈间歇性腹泻或排软便。

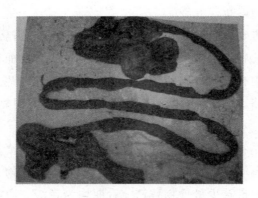

图 7 – 6　细小病毒型肠炎引起的肠出血

图 7 – 7　细小病毒性肠炎引起的脾出血

诊断

依据流行病学、临床症状和剖检变化可作出初步诊断。高热、顽固性腹泻、出血性胃肠炎、急性心肌炎变化，仔貉发病率高于成貉，应用抗菌素和磺胺类药物治疗无效，细菌学检查为阴性等亦可建立初步诊断。进一步确诊需经实验室检查。

1. 包涵体检查

取小肠黏膜刮下物涂片，进行 HE 染色，过程与犬瘟热包涵体检查方法相同。在小肠黏膜上皮细胞内见周边规整圆形的红色核内和胞浆内包涵体。

2. 动物接种

选择来自非疫区、未接种过本病疫苗、断乳 2 周以上的健康仔貉、幼犬为实验动物。无菌采取濒死期病貉或死后不久的貉肝、脾、肠、血等，加双抗各 2 000 单位，用生理盐水制成 1∶5 倍的乳剂。实验动物经口投给 15～20ml 或腹腔注射 3～5ml，经 1 周左右后发生肠炎典型症状，即可确诊。

3. 血凝试验（HA）和血凝抑制试验（HI）

是简便可靠、快速的特异性诊断方法。此法在 96 孔"U"形微量塑胶反应板上进行，其原理是该病毒对猪和恒河猴的红细胞具有良好的凝集作用。可以检查粪便样品，也可以检查血清样品。

电镜和免疫电镜、荧光抗体技术、免疫扩散试验、血清中和试验等多种诊断方法可用于诊断本病。

临床上貉肠炎发病很普遍，要与细菌性肠炎区分开，主要区别有以下几点。

（1）病毒性肠炎呈现高热　时常出现呕吐，发展快，迅速消瘦和脱水。细菌性肠炎呈现低热，很少发生呕吐，发展较慢。

（2）病毒性肠炎腹泻严重　常见血便、肠黏膜和管形粪便排出，细菌性肠炎仅于病程发展到后期才出现血便，很少情况下有肠黏膜排出。

（3）抗生素治疗性诊断　病毒性肠炎用肠道菌敏感的抗生素药物治疗有缓解腹泻的作用，但停药后继续发生，不能治愈。细菌性肠炎应用药物后效果显著并容易治愈，一般不出现复发。

(4) 病毒性肠炎育成貂发病率高 老貂很少发病，并出现一定的死亡率，细菌性肠炎虽然育成貂发病率高，但成龄貂也占一定比例，如用药及时得当，95%以上可治愈，很少出现死亡。

防治

该病以预防为主，疫苗免疫能起到良好的保护效果，吉林特研生物技术有限责任公司生产的犬细小病毒灭活疫苗，临床使用30多年来收到了良好的保护效果，貂正确免疫后都能得到良好的保护，如遇到发病动物，对未发病的全群动物进行紧急接种亦能起到良好的保护效果。注意对病兽的保温工作，发病兽应禁食1~2天，恢复期要少喂鸡蛋、肉类饲料，应给予稀软易消化的食物，少量多次，以减轻胃肠负担，提高治愈率。治疗以止吐、消炎、补液、增强免疫力为主。抗生素和磺胺类药物只能在此病的早期防止继发性细菌感染，从而降低死亡率。特异性治疗给病貂皮下分点注射高免血清有较好的效果，每日一次，每只10~20ml，连用3天。对拒食的，静脉输入5%的葡萄糖，每日1次，每次150~250ml。脱水严重的，输入复方氯化钠溶液100~200ml，为防止心肌炎发生，还要考虑使用病毒灵，三磷酸腺苷（ATP）及辅酶A。

患病毒性肠炎的貂在出现症状的早期，从粪便中大量向外界排毒。因此，及时清除病貂粪便并作适当处理如深埋，生物发酵等十分必要，可有效阻断病原的扩散。

三、貉狂犬病

狂犬病是由狂犬病病毒引起的人畜共患的急性传染病。病毒主要侵害中枢神经系统，病畜的临床症状是呈现狂躁不安和意识紊乱，最后发生麻痹而死亡。

病原 狂犬病病毒为弹状病毒科、狂犬病毒属。病毒粒子的大小在 100～150nm，有嗜神经性，主要存在于动物的中枢神经组织、唾液腺和唾液内。狂犬病毒对石炭酸和氯仿有稍强的抵抗力，在 1%～5% 福尔马林溶液中经 10 分钟可杀死病毒。在 37℃下病毒可生存 24 小时，100℃下 2 分钟失去活性。在尸体内可存活 45 天。在 50% 的甘油中，于冰箱内能保存 1 年。紫外线和 X 线照射均能使病毒灭活。人和各种畜禽对本病都有易感性。本病的传播方式一般由患病动物咬伤而感染，也可能通过不显性皮肤或黏膜传播，如屠宰犬科动物等引起感染。貉患病主要是由于窜入场内的带毒犬或其他带毒兽咬伤引起的。饲喂患病动物及带毒动物的肉类也是导致貉发生狂犬病的重要原因。

症状

自然病例的潜伏期差异很大，与动物的易感性、咬伤部位离中枢神经距离的远近、侵入病毒的毒力和数量有关。一般为 2～8 周，最短 8 天，长者可达数月甚至 1 年以上。各种动物的临诊表现大致相同，一般可分为狂暴型和沉郁型两种。此外也有各种不典型的病例。

典型病例按病程发展大致可分为前驱期、兴奋期、麻痹期三个阶段。前驱期：病貉常躲在暗处，不愿和人接近，也不听呼唤，性情与平时大不相同。反射功能亢进，轻度刺激即高度惊恐或跳起，有时呆立凝视，有时望空扑咬。病貉食欲反常，喜吃异物，喉头轻度麻痹，吞咽食物时颈部伸展，唾液分泌增多，此过程约为 2 天。兴奋期：病貉呈现高度兴奋，常攻击人畜。这种狂暴的发作往往和沉郁交替出现。麻痹期：病貉极度消沉，呈现明显的麻痹症状，如下颌下垂，舌脱出口外，大量流涎，不久后躯和四肢麻痹，卧地不起，最后因呼吸中枢麻痹或衰竭而死。整个病程为 6 ~ 8 天，少数病例可延长到 10 天。貉的沉郁型表现为兴奋期短或轻微，而迅速转入麻痹期，出现喉头、下颌、后躯麻痹，流涎，张口，吞咽困难等，经 2 ~ 4 天死亡。

诊断

如果患病动物出现典型的病程，即各个病期的临诊表现非常明显，结合病理剖检可作出初步诊断，但患有本病的病兽早在出现症状前 1 ~ 2 周即已从唾液中排出病毒，所以，当动物或人被可疑病兽咬伤后应及早对可疑病兽作出确诊，以便对被咬的人畜进行必要的治疗，否则将延误时间，影响疗效。为此应将可疑的病兽拘禁或扑杀，送有关部门进行实验室诊断。

防治

目前，世界上尚无有效的方法用于治疗已发病的病例。预防狂犬病的发生必须接种疫苗。平时的预防措施主要是贯彻"管、免、灭"的综合性防制措施。管：即加强对家犬及一切狂犬病隐性感染率高的动物管理，使它们不能咬伤人和其他动物，从而也就切断了狂犬病传播的主要途径。免：即主要是加强对家犬及一切狂犬病多发动物的免疫，提高易感动物的抵抗力，动物体内的抗体能够中和进入体内的病毒，也避免了狂犬病的传播。灭：即扑杀一切发病的动物和野犬，消灭狂犬病的主要传染源。被狂犬病可疑动物咬伤后的处理，首先应当用肥皂水冲洗伤口，以去除黏附在伤口部位的病毒，对咬伤的动物进行紧急接种，疫苗应用越早，效果越佳。

四、貂伪狂犬病

伪狂犬病，又称阿氏病，是由伪狂犬病病毒引起的多种动物共患的一种急性传染病。病的特征是发热、奇痒、脑脊髓炎和神经节炎。近几年欧美各国的伪狂犬病仍广泛传播，我国伪狂犬病也比较常见。除猪以外其他动物发病后均有皮肤奇痒症状，故有人称它为"疯痒病"（图 7-8 ~ 7-12）。

病原

伪狂犬病病毒为疱疹病毒科疱疹病毒属。本病毒含双股DNA，病毒的直径为 100 ~ 150μm。能在兔和豚鼠的睾丸组织中培养繁殖。各种途径都能使鸡胚感染，在绒毛尿囊膜上接种，可产生小点状病灶，一般 3 ~ 5 日鸡胚死亡。伪狂犬病病毒又名猪疱疹病毒 I 型。本病抵抗力的特点是耐干燥、耐冷、耐酸、怕碱。夏天能活 30 天，冬天能活 46 天。温热、紫外线、氢氧化钠、醛类、过氧乙酸能很快将它杀死，所以最好的消毒剂是 1% ~ 3% 的氢氧化钠溶液。在自然条件下，本病最常见于牛、羊、猪、犬、猫和鼠类，水貂、狐狸、浣熊及鹿等均可自然感染。人和单蹄兽一般不感染。家兔最为敏感。貉多因食用了感染伪狂犬的猪的副产品而感染，貉感染后很少发生水平传播，感染后通常以死亡告终。病畜和带毒动物是传染源，其中，最重要的是猪和鼠类。病毒可通过呼吸道、消化道、损伤的皮肤、黏膜等多种途径使易感动物感染发病，也可通过交配或吸血昆虫叮咬传播。本病在貉养殖中发病无明显的季节性。

症状

潜伏期1~8天，由于各种动物的发病机制不同，所以，症状差异较大。貉主要呈现脑膜炎和败血症的综合症状，有瘙痒现象，但随年龄的不同有很大的差异。20日龄以内的仔貉感染后，症状最为典型、严重。病初体温升高到41~42℃，后期降至常温以下。病貉极度委顿，绝食，间有呕吐和腹泻。当中枢神经受侵害时，出现神经刺激和麻痹症状，最后昏迷死亡。病程1~2天，病死率高，貉感染后多成急性死亡，剖检可见全身脏器出血。一旦感染，可引起巨大损失。应禁止饲喂未经彻底熟制的猪的副产品，如饲喂必须彻底熟制。

图7-8 胃出血

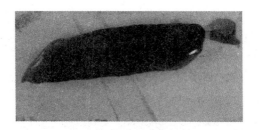

图 7 – 9　脾脏出血

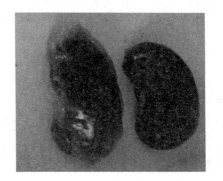

图 7 – 10　肾脏出血

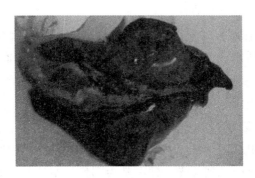

图 7 – 11　肺脏出血

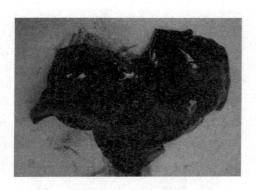

图 7 – 12　肝脏出血

诊断

本病在流行病学上具有一定的特点。例如，貉是否饲喂猪的副产品或饲养场附近是否有猪场。同时发病率和死亡率高。在症状上，有体表瘙痒现象。若结合病理解剖变化，一般均可作出诊断，但确诊本病必须进行实验室检查。可采取大脑、延脑、小脑、海马角、肝、脾、肺等病料置 50% 甘油盐水中送实验室检查。

1. 动物接种试验

取病料制成悬液，加入青、链霉素，低速离心后取上清液接种家兔，皮下或肌肉注射 1mL。凡出现奇痒、啃咬、皮肤损伤、四肢麻痹及死亡者判定为阳性。

2. 免疫荧光法

取脑组织压片或切片，用荧光抗体染色，于神经节细胞的胞浆及核内见到荧光，即可判为阳性。本法具有特异性高、灵敏和快速等优点。

防治

本病目前无有效的治疗方法，抗血清治疗有一定效果。在预防中，应采取综合性防治措施。首先，要对肉类饲料如猪及其他副产品进行兽医卫生检疫，凡认为是可疑的，必须做无害处理。应严防犬、猫窜入场内，并加强灭鼠。发现本病后，应立即停喂被伪狂犬病污染的肉类饲料，更换新鲜、易消化、适口性强、营养全价的饲料。同时应用抗生素控制继发感染，隔离病貉和可疑病貉。耐过貉应隔离至打皮期取皮，并进行彻底消毒。也可应用家畜用的伪狂犬病疫苗进行预防接种，免疫期1年，效果很好。

五、貉传染性肝炎

传染性肝炎，也称为狐狸脑炎，是由犬传染性肝炎病毒所引起的犬科动物的一种急性败血性传染病，近几年来狐貉常有发生，水貂也呈上升趋势。病的特征是循环障碍，肝小叶中心坏死，肝实质细胞和内皮细胞的核内出现包涵体（图7-13~7-15）。

病原

传染性肝炎病毒属于腺病毒科哺乳动物腺病毒属，病毒的抵抗能力强，在室温下可存活10~13周。病狐、貂、貉是本病的传染源。发病动物的呕吐物、唾液、鼻液、粪便和尿液等排泄物和分泌物中均带毒。康复后的动物可获得终生免疫，但病毒能在肾脏内生存，经尿长期排毒。主要通过消化道感染，也可以通过体外寄生虫为媒介传染，但不能通过空气经呼吸道感染。本病无季节性特征，各性别和品种均可发病，尤其是不满 1 岁的狐和貂感染率和致死率都很高。

症状

1. 肝炎脑炎型

潜伏期为 2 ~ 8 天，轻症病兽仅见精神不振，食欲稍差，往往不被人注意。重症病兽，体温升高至 40 ~ 41℃，采食减少或废绝，有时呕吐，粪便初期呈黄色后变为灰绿色，最后变为煤焦油状，黏而黑，机体衰竭。有的病兽在死前有神经症状，全身抽搐，呕吐白沫，很快死亡。部分病例的眼、鼻有浆液性黏性分泌物，白细胞少，血液凝固时间延长。急性病兽突然发病，采食停止，1 天左右死亡。

2. 呼吸型

潜伏期为 5 ~ 6 天，患病动物体温升高 1 ~ 3 天，精神沉郁，采食减少到停止，呼吸困难，咳嗽，有脓性鼻液，有的发生呕吐，常排出带黏液的黑色软便。临床上肝炎脑炎型和呼吸型常常同时发生，单一出现的较少。脑炎肝炎型病例，腹腔内积存大量的污红色的腹水。肝脏肿大，被膜紧张呈黑红色，胃肠黏膜弥漫性出血，肠腔内积存柏油样黏粪，具有神经症状的貉，脑膜充血严重。

诊断

根据临床症状，结合流行病学特点和病理剖检变化可做出初步诊断。必要时，可采取发热期动物血液、尿液，死亡后采取肝、脾及腹腔积液进行病毒分离，还可采用 PCR 的方法进行基因检测。

图 7 – 13　传染性肝炎貉腹腔红色积液

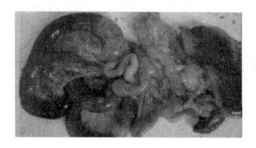

图 7 – 14　貉传染性肝炎肝脏病变

图 7 – 15　传染性肝炎胃肠出血

防治

一般采取输液疗法，纠正水、电解质的紊乱，用抗生素治

疗继发感染。也可用大青叶、板蓝根、维生素 B_{12}、维生素 C
进行肌肉注射。同时应注意加强饲养管理，对全群健康动物应
用磺胺类药物或用葡萄糖、维生素 C、病毒灵、电解多维、黄
芪多糖等拌料，连喂 5~6 天。本病主要通过疫苗免疫进行预
防，注意环境卫生，加强饲养管理，发病后立即隔离治疗，对
发病污染的环境彻底消毒，同时对全群进行预防性投药。

第四节　貉常见细菌性传染病及其防治

一、阴道加德纳氏菌病

病原

由阴道加德纳氏菌引起狐狸、貉、水貂的一种传染病，
以空怀、流产为主要特征。各品种狐狸均易感，水貂、貉也
感染，北极狐易感性更高，主要通过交配感染。妊娠 20~45
天出现流产。本菌革兰氏染色可变性，但分离的菌株多数为
革兰氏染色阳性。形态呈球杆状、近球形及杆状的多形态，
呈单个、短链、长链排列。该菌无荚膜、芽孢和鞭毛。该菌
在普通培养基上不生长，在加有血清和全血的普通琼脂平板
上虽生长，但很贫瘠。在胰蛋白、琼脂平板和胰蛋白液体培
养基上生长良好（图 7-16~7-18）。

症状

母貉感染该细菌后引起阴道炎、子宫颈炎、尿道感染、
膀胱炎。本病的突出临床症状就是受配貉多数于妊娠后 20~
45 天出现流产及在妊娠前期的胎儿吸收，流产前母貉从阴门

排出少量污秽物，有的病例出现血尿，流产后1~2天，母貉体温稍升高，精神稍不振，食欲减退，随后恢复正常。公貉感染可引起前列腺炎、包皮炎，性功能降低，严重影响其繁殖力。本病主要通过交配传染，外伤也是不可勿略的感染途径。怀孕貉感染该菌可直接传播给其胎儿。

图7-16　妊娠后引起的流产

诊断

根据临床症状和流行特点可以初步诊断阴道加德纳氏菌病。最终确诊还要做进一步的血清学检查和细菌学试验，排除引起妊娠中断的其他疾病和原因，如饲料质量不佳、不全价，环境不安静，管理不善，该病要与布氏杆菌病等加以区别，所以要做细菌学和血清学检查。

防治

配种前要用阴道加德纳氏菌虎红平板凝集抗原进行检疫，淘汰病兽，对健康兽注射疫苗防疫，是清除本病的唯一有效措施。吉林特研生物技术有限责任公司生产的狐狸阴道加德纳氏

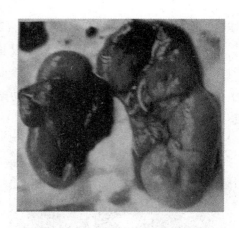

图 7 – 17 妊娠后 45 天流产胎儿

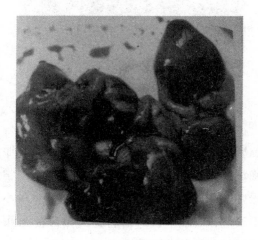

图 7 – 18 感染后引起的死胎

菌灭活疫苗是属于国家一类新兽药，具有良好的免疫保护效果，一般在每年的冬季配种前进行免疫。阴道加德纳氏菌对氟苯尼考、氨苄青霉素、红霉素、庆大霉素均敏感，同时要加强养殖场的卫生工作，对流产的胎儿与病兽的排泄物和分泌物及时消毒处理，不要用手触摸，笼网用火焰消毒，地面夏季用10%生石灰乳消毒，冬季用生石灰粉撒布。对新引进的种兽要检疫，进场后要隔离观察7~15天方可混入大群。

二、貉巴氏杆菌病

貉巴氏杆菌病多是由环境中的巴士杆菌感染或是生食猪、鸡、鸭的副产品感染引起的，主要是由多杀性巴氏杆菌引起的。貉多以急性经过，急性病例以败血症和肺炎为主要特征。临床上以大叶性肺炎、肝肿大、脾肿大出血、出血性肠炎为特征。常呈地方性流行，给貉饲养业带来很大的经济损失（图7-19~7-22）。

病原

多杀性巴氏杆菌是两端钝圆中央微凸的短杆菌，革兰染色阴性。本菌存在于病兽全身各组织、体液、分泌物及排泄物里。普通消毒药常用浓度对本菌都有良好的消毒力，但克辽林（臭药水）对本菌的杀伤能力较差。日光对本菌有强烈的杀菌作用。

6~9月是貉的巴氏杆菌病流行季节，特别是育成貉更易感染。患本病的主要传染源是饲喂患病的畜、禽及其副产品。传染源一旦带入兽场，多能导致该病的暴发流行，带菌兔、禽进入兽场也是本病传染的重要原因。本病菌普遍存在于健康动物的上呼吸道黏膜，当饲养管理和兽医卫生不良时，由于寒冷、闷热、气候剧变、潮湿、拥挤、笼舍通风不良，阴雨连绵，营养缺乏，饲料突变，过度疲劳，长途运输等诱因，使机体抵抗力降低，发生内源性感染。本病无明显季节性，以春秋季多发。

症状

1. **传染性鼻炎**

本类型传播快，病程较长，主要表现为鼻黏膜发炎，流出浆液性鼻液，以后转为黏液性或化脓性鼻炎。动物常表现为咳嗽，喷嚏，上唇和鼻孔周围被毛潮湿，皮肤红肿，形成皮炎，由于鼻泪管堵塞从而引起流泪或发生化脓性结膜炎。貉感染后多数病貉暴死，多见于当年出生的仔貉，病初体温升高，达40℃以上，食欲减少，不久废绝，鼻部干燥，呼吸困难，多呈从鼻孔流出血样泡沫而死亡，病程为1~3天。

2. **肺炎型**

发病的幼龄动物表现采食减少或停止采食，精神不振，常卧于小室内不动，有的发生咳嗽，呼吸加快，体温升高到40℃以上，无呕吐与腹泻症状。停止采食1~2天很快死亡。死亡动物全身浆膜，黏膜充血、出血，淋巴结肿大。死于肺炎型的动物，肺脏呈严重的出血性、纤维素性肺炎变化，肺表面附着纤维素团块，后期看见肺脓肿。

3. **败血型**

病兽精神沉郁，采食停止，呼吸急促，体温升高至40℃以上，腹泻，排水样便，后排带血的稀便。临死前体温下降，四肢抽搐，尖叫，病程短的24小时死亡，稍长的3~4天死亡。最急性型不见任何临床症状而突然死亡。死于败血症的

动物，心与肺严重出血、充血，肝脏出血肿胀，其表面附着
大量纤维素性渗出物，肠管内有许多纤维素性渗出物附着，
肾出血。

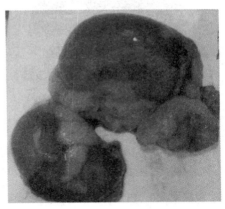

图 7-19 巴氏杆菌感染肾出血

诊断

根据流行病学材料、临诊症状和剖检变化，结合对病貉
的治疗效果，可对本病作出诊断，确诊需要进一步进行实验
室检验。

1. 细菌学检查

（1）涂片镜检 取新鲜病料心血、肝、脾、淋巴结涂片，
以瑞氏染色、革兰氏染色后镜检，发现两极着色的革兰氏阴性
小杆菌。

（2）分离培养 以无菌操作，用接种针从死貉的心血、
肝脏、脾脏无菌取病料，划线接种于普通琼脂培养基或鲜血
平板培养基上，37℃经 24 小时培养，检查菌落形态。特点为
灰白色、小而透明露珠状菌落，不溶血。45°折光观察，Fo 型

图 7 – 20　巴氏杆菌肝脏病变

图 7 – 21　病貉

橙色荧光，Fg 型蓝绿色荧光。

（3）纯培养　在平板培养基上，选定菌落镜检，确定后将培养物移植斜面培养基上，再行培养，以便进一步鉴定。

（4）生化鉴定　将纯培养物镜检后进行生化鉴定。分解葡萄糖、蔗糖和甘露醇，不分解鼠李糖，MR 试验（－），健基质

图 7 – 22　肺脏病变

（＋），注意与鼠疫杆菌、土拉伦杆菌、溶血性巴氏杆菌鉴别。

2. 动物试验

用新鲜病料血、肝、脾、淋巴结制成悬液，接种易感动物，小白鼠 1mL，家兔 4~5mL，腹腔注射，发病或死亡后，以脏器或心血涂片镜检，发现该菌。

防治

首先排除可疑饲料，给以新鲜富有营养易消化的饲料和充足清洁的饮水。对病貉及早发现及早隔离治疗，未发病的貉可应用巴氏杆菌多价疫苗进行紧急接种，进行预防性治疗。早期应用抗生素和磺胺类药物能收到良好的效果。对心脏衰弱的貉，强心补液，给以维生素 C 等药物对症治疗。对出现症状的貉使用青霉素注射治疗效果更佳。一般每日应注射 2 次，每次 40 万~80 万单位。每年应定期对貉进行巴氏杆菌疫苗预防接种。该疫苗对貉的免疫期达 6 个月，免疫保护率 85% 以上。

加强兽医卫生和饲养管理，经常做好笼舍的清洁卫生工作，尤其在本病流行季节，更要注意食具的卫生及饲料和饮水的清洁，应严格检查饲料，特别是禽、兔的肉尸及其副产品，禁喂污染饲料，可疑饲料煮熟后再喂。笼内应定期消毒，对病貉污染的环境、用具等进行全面彻底消毒，可用10%石灰乳、3%~5%来苏尔、15%漂白粉。貉尸及粪便应无害处理、深埋或生物发酵。

三、貉大肠杆菌病

本病由致病性大肠杆菌所引起的一种急性传染病，常见于新生貉及幼貉。表现为肠炎、肠毒血症、败血症等，成年貉患本病，常引起流产和死胎。是对幼貉危害较大的细菌性传染病之一（图7-23~7-26）。

病原

致病性大肠杆菌为大肠杆菌科埃希氏菌属中的大肠埃希氏菌的某些血清型，本属菌为革兰氏阴性短杆菌。在普通培养基上生长后形成光滑，湿润，乳白色，边缘整齐，中等大小菌落，在麦康凯培养基上形成紫红色的菌落。本菌对外界因素抵抗力不强，60℃经15分钟即可死亡，一般消毒药均易将其杀死。

带菌动物是主要的传染源，带菌动物通过粪便、尿液等分泌物，将病原菌排出体外，污染饲料、饮水、垫草等，带菌动物的肉尸也可传播本病。此外，本病常可自发感染，貉的正常机体中即有大肠杆菌的存在，当机体抵抗力降低，肠道菌群失调等诱发因素存在时，大肠杆菌即可迅速繁殖，毒力不断增强，而引起貉发病。被本菌污染的饲料、饮水可通过消化道而使幼貉发病。本病幼貉多发，具有一定的季节性，在春秋季多发，这与貉的发情、产仔和多雨潮湿等因素有关。本病的暴发流行与饲养管理、兽医卫生等因素有关，本病一年四季均可发生。

症状

以断乳前后的仔貉发生最多，成年貉很少发生。潜伏期2～5天，初期粪便稀软，呈黄色粥状，随后腹泻加剧，粪便呈灰白色，带黏液和泡沫。体温升高至40～41℃，有时伴有呕吐。粪便中有条状血液和未消化饲料。严重的引起水样便、肛门失禁、里急后重，可引起直肠脱或伴发肠套叠，心跳加快。病貉迅速消瘦、弓腰、眼窝下陷、乏力，临死前体温下降。死亡的动物被毛粗乱无光，腹部膨胀，腹水呈淡红色，肠管浆膜面出血。胃壁有数个出血斑，肝脏出血，表面附有纤维素膜和坏死灶，肺脏呈出血性纤维素性肺炎变化，肾脏出血变性。

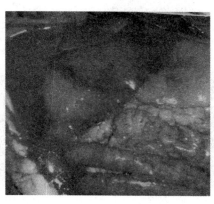

图7-23　大肠杆菌引起的腹腔积液和肠管出血

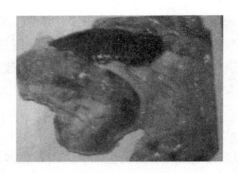

图 7 - 24　大肠杆菌引起的胃出血

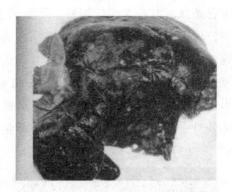

图 7 - 25　大肠杆菌引起的肝脏病变

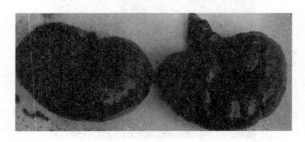

图 7 - 26　大肠杆菌引起的肾脏病变

诊断

根据流行病学、临床症状和病理变化可作出初步诊断，确诊需进行细菌学检查。

1. 镜检

取实质脏器和心血涂片，本菌为中等大杆菌，革兰氏染色阴性，美兰染色常两极重染。

2. 分离培养

在普通琼脂和肉汤中即可生长。在 SS 琼脂上，大肠杆菌多数被抑制而不能生长，少数生长的细菌，产生深红色菌落。在麦康凯培养基上，长出扁平、直径 1～2mm 的粉红色菌落；在普通肉汤中呈均匀的浑浊，有粪臭气味；三糖铁琼脂培养基上培养基底部全部变成黄色。

3. 血清学鉴定

以纯培养物与大肠杆菌多价血清作玻板凝集试验。2～3分钟出现凝集者判为阳性。然后再用单价因子血清进行同样的凝集试验，凝集后方能写出大肠杆菌的抗原式。大肠杆菌是动物肠道常在的条件性致病菌，多数无病原性，同时动物死后，肠道中的大肠杆菌移行到内脏。因此，进行细菌学检查，应需用频死期扑杀的病貉或刚刚死亡的病貉，并应进行本动物回归试验。

防治

①可使用经药敏试验对分离的大肠杆菌血清型有抑制作用的抗生素和磺胺类药物，如氟苯尼考、土霉素、磺胺间甲氧嘧啶、恩诺沙星、诺氟沙星、盐酸沙拉沙星、盐酸环丙沙星、硫酸庆大霉素等，并辅以对症治疗。近年来，使用活菌

制剂，如促菌生调痢生等治疗貉腹泻有良好功效。脱水的动物可适当口服补液盐（氯化钠3.5g、碳酸氢钠2.5g、氯化钾1.5g、葡萄糖20g、加水1 000ml），让幼兽自由饮水服用。当幼兽不能饮水又无法进行静脉补液时，可用等渗盐水和抗菌药物进行腹腔内注射。②怀孕母畜应加强查后的饲养和护理，仔畜应及时吮吸初乳，饲料配比适当，勿使饥饿或过饱，断乳期饲料不要突然改变。对密封观养的畜群，尤其要防止各种应激因素的不良影响。

四、沙门氏菌病

沙门氏菌病又称副伤寒，是由沙门氏杆菌引起的貉以胃肠道机能紊乱和败血症为特征的传染病。本病又称副伤寒，由肠炎沙门氏菌、猪霍乱沙门氏菌、鼠伤寒沙门氏菌等引起。呈地方流行性，以发热、腹泻、消瘦、结膜炎、黄疸、肝、脾肿大为特征（图7-27~7-30）。

病原

沙门氏菌是革兰氏阴性杆菌。本属细菌对干燥、腐败、日光等因素具有一定的抵抗力，在外界条件下可生存数周或数月。对于化学消毒剂的抵抗力不强，一般常用消毒剂和消毒方法均能达到消毒目的。

沙门氏菌属中的许多细菌对人、畜和家禽均有致病性。各种年龄均可感染，但幼年畜禽较成年者易感。病兽和带菌者是本病的主要传染源，它们通过粪便、尿、乳汁以及流产的胎儿、胎衣和羊水排出病菌，感染健康兽，或通过交配引起感染。用未煮沸或未经熟制的鸡架、鸭肝、毛蛋、鸡肠及其他动物内脏喂毛皮动物最易引起感染。本病一年四季均可发生，一般散发或呈流行性，环境污秽、潮湿、粪便不及时清除，饲料和饮水供应不良，气候恶劣、疲劳、饥饿、长途运输，以及其他不良因素等，均可促进本病的发生。

症状

本病自然感染的潜伏期为 3～20 天，平均为 14 天；人工感染的潜伏期为 2～5 天。根据机体抵抗力及病原毒力，本病在临床上表现是多种多样的，可分为胃肠炎型、菌血症、内毒素型以及妊娠期流产。

胃肠炎型：病兽表现拒食，先兴奋后沉郁，体温升高至 41～42℃，病貉躺卧，弓腰，两眼流泪，行动缓慢。发生腹泻、呕吐，腹泻呈水样和黏液样，重症可出现血便。发病后快速消瘦，腹泻明显，黏膜苍白，虚弱，脱水，在昏迷状态下死亡。有的表现后肢瘫痪，失明，抽搐。病程短者 5～10 个小时死亡，长者 2～3 天死亡。

菌血症和内毒素型：沙门氏菌胃肠炎过程中常发生暂时的菌血症和内毒素血症。常见于幼貉，无论是否有肠炎症状，都可出现体温降低，全身虚弱及休克死亡。在配种期和妊娠时期发生本病时，母兽可大批空怀和流产，出生仔兽在 10 天内大批死亡，死前仔兽呻吟或抽搐，发病 2～3 天死亡。

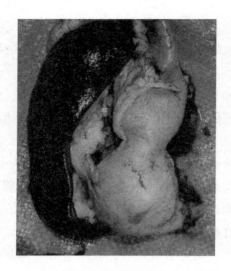

图 7 - 27　脾脏病变

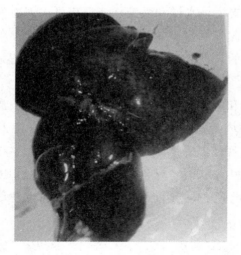

图 7 - 28　肝脏病变

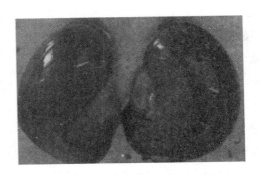

图 7 - 29　肾脏质软、肿大出血

图 7 - 30　肠道出血性病变

诊断

　　根据流行病学、临床症状和病理变化，只能作出初步诊断，确诊需做细菌分离和鉴定。

1. 镜检

取病料涂片，可见革兰氏阳性的中等大杆菌。

2. 分离培养

常用 SS 琼脂培养基进行选择培养，形成与背景颜色一致的菌落。

3. 血清学诊断

诊断本病的血清学方法主要为凝集反应，有试管凝集反应和玻片凝集反应两种，一般前者用于感染本病后血清中和抗体效价的测定，据抗体效价判定动物是否感染过本病，后者多用于细菌学鉴定和分型。

防治

①采用抗生素进行治疗，使用的抗生素有氟苯尼考、磺胺甲基异恶唑或磺胺嘧啶、甲氧氨苄嘧啶、卡那霉素，也可用大蒜捣碎了内服或制成大蒜酊内服。②一旦发现感染该病，立即停止饲喂被沙门氏菌污染的肉，蛋、乳等。病兽要进行隔离和治疗，病死兽尸体要焚烧或深埋，以防人感染。

预防沙门氏菌病主要是把住饲料和饮水的卫生关。幼貉可接种沙门氏多价菌苗，分两次，间隔 7 天，每次 2ml。本病的预防原则是杜绝传染源，引进与药物预防相结合，执行严格的卫生消毒措施与隔离淘汰制度相结合。在貉饲养场应尽量不从外引种，在引进时应注意严格的检疫，尤其是在本病净化场更应如此。对饮水和饲料用具以及活动场所应定期消毒，对发病貉及时隔离治疗或淘汰，逐渐建立无特定疾病的貉群。当发病时，对病貉和疑似貉均应立即治疗。可随饲料投服新霉素，每次 10 万 ~20 万单位，每天 2 次，连用 5 天。

五、貉魏氏梭菌病

魏氏梭菌病又称肠毒血症，是由梭状芽孢杆菌属产气荚膜杆菌类的细菌引起的家畜和毛皮动物急性中毒性传染病。水貉、狐、海狸鼠、毛丝鼠等动物均易感染，幼貉最敏感（图7－31～7－35）。

病原

该病原体的最大特点是能在机体内形成荚膜，多为直或稍弯的梭杆菌，两端钝圆，均能形成芽孢。芽孢卵圆形，位于菌体的中央或近端。本菌为厌氧菌，能产生强烈的外毒素。由毒素引起发病。广泛的存在于自然界，在土壤、污水、人和动物肠道及其粪便中。仔貉对本病最易感，毛皮动物吞食本菌污染的肉类饲料或饮水而被感染，用细菌学检查这些饲料可以得到证实。本菌的繁殖体抵抗力不强，一般消毒药均可将其杀死。芽孢有较强的抵抗力，90℃ 30分钟或100℃ 5分钟才能将其杀死。毒素在7℃ 30～60分钟被破坏。潜伏期和患病貉是主要的传染源。貉因食入污染的饲料，经消化道感染。本病呈散发或地方性流行，一年四季均可发生，但多在夏、秋季流行。不同年龄、不同性别、不同品种都可感染发病。

症状

潜伏期12～24小时，流行初期一般无任何临床症状而突然死亡。病兽食欲减退，很少活动，久卧于小室内，步履蹒跚，呕吐。粪便为液状，呈绿色，混有血液。常发生肢体半麻痹或麻痹。头震颤，呈昏迷状态，死亡率约90%。剖检可见脏器出血，尤其是胃肠出血，胀气，同时脾脏、肾脏均出血。病程稍缓者可见厌食或拒食，行走无力，呕吐，排稀便，呈绿色并含血液。后期出现痉挛和麻痹，于昏睡状态下死亡。

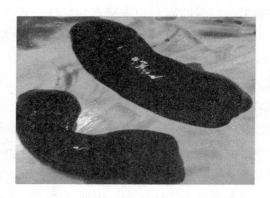

图7-31 脾脏出血

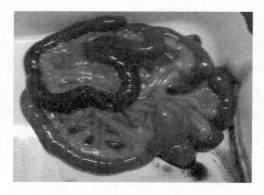

图7-32 肠出血

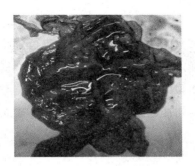

图 7 - 33 胃出血

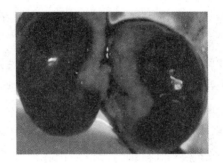

图 7 - 34 肾脏肿胀出血

图 7 - 35 胃胀气出血

诊断

由于本病发病急，病程短，根据流行病学、临床症状等不容易作出诊断。细菌学检查和毒素测定可提供可靠的诊断依据，病料主要采取一段回肠或盲肠，两端结扎，保留肠内容物，同时采集实质脏器、肠系膜淋巴结或肠内容物作涂片和分离培养。

涂片检查：将病料直接涂片，革兰氏染色镜检，魏氏梭菌为革兰氏阳性大杆菌，具有明显的荚膜。

分离培养：将病料接种于厌气肉肝汤内，在培养几小时后，肉汤混浊并产生大量气体，然后立即移植，培养 2～4 小时再移植，如此反复几次可获得纯培养。也可将病料直接在血清葡萄糖琼脂平板上划线接种，培养后挑取典型菌落镜检，如与涂片检查菌特征一致，可初步确诊。

毒素检查：将回肠或盲肠内容物用生理盐水 2 倍稀释，然后 5 000 转/分离心 20 分钟，上清用微孔滤膜除菌，取滤液 2～4ml 给家兔耳静脉注射。先小量注射，30 分钟后无反应再较大剂量注射同一动物或另一动物。如毒素含量较高，小量注射即可使兔于 10 分钟内死亡。如毒素含量低，兔可能于注射后 30～60 分钟卧下，呈轻度昏迷，呼吸加快，经 1 小时可能恢复。健康动物肠内容物滤液，注射后不引起反应。

防治

为预防本病的发生，主要是严格控制饲料的污染和变质，质量不好的饲料不能喂动物。当发生本病时，应将病兽和可疑病兽及时隔离饲养，病兽污染的笼舍，用 1%～2% 苛性钠溶液或火焰消毒，粪便和污物堆放于指定地点进行发酵。地面用10%~20%新鲜的漂白粉溶液喷洒后，挖去表土，换上新土。发病后全群投服磺胺-6-甲氧嘧啶和金霉素，连喂5~7天。发病不食的重症病兽，基本无法治愈，对轻症的可注射庆大霉素。

六、貉化脓性子宫内膜炎

貉化脓性子宫内膜炎主要由绿脓杆菌引起的，不仅造成繁殖障碍，严重者可造成母貉死亡。化脓性子宫内膜炎是我国对貉开展人工授精以来出现最多的一种疾病，后来发现并证实在自然交配的貉群中也有该菌感染。

病原

主要是配种季节，养殖场卫生条件不好，配种笼内粪便积蓄，导致配种过程中细菌感染，子宫内膜发炎化脓。

症状

貉配种15~20天后，外阴流出灰黄色或灰绿色的脓样分泌物，初期母貉无明显的异常症状，子宫排脓后会出现临床症状，食欲减退，精神沉郁，卧于笼内或产箱内，外阴部有少量脓样物附着或流产，体温升高，拒食，治疗不及时常常引发脓毒败血症而死亡。剖检子宫显著粗大，浆膜出血，子宫壁肥厚，子宫腔内充满大量的呈灰绿或酱油色脓性物，子宫黏膜出血，黏膜完整性被破坏。

诊断

根据临床症状及剖检变化可作出初步诊断，确诊可通过细菌学检查。

防治

搞好饲养管理，改善养殖场卫生条件，及时清除小室内和笼网上的积粪。人工授精是预防子宫内膜炎的重要环节，必须注意。配种前可投服氯霉素，磺胺类药物，氟苯尼考等。化脓性内膜炎的预防可注射"绿脓杆菌多价灭活疫苗"预防。注射时间在配种前 15 天进行（仅用于种母貉）。治疗可使用0.1%的高锰酸钾液冲洗子宫，每日 1 次，或庆大霉素 8 万单位，青霉素 G 钠 80 万~160 万单位分别进行肌内注射或混合后通过输精针注入子宫；庆大霉素 8 万单位，每日上午静脉注射，青霉素 G 钠 80 万单位，每日下午静脉注射，连续 3~4天。

七、貉结核病

结核病是由结核分枝杆菌所引起的人畜和禽类的一种慢性传染病，其病理特点是在多种组织器官形成肉芽肿和干酪样、钙化结节病变。

病原

结核分枝杆菌主要有 3 个型，即牛型、人型和禽型。本菌因富含脂类，故在外界环境中生存力较强。对酸、碱及干燥的抵抗力强，对热抵抗力差，60℃经 30 分钟即死亡。在水中可存活 5 个月，在土壤中可存活 7 个月。常用消毒药经 4小时方可杀死，而在 70%的酒精、10%的漂白粉中很快死亡。本菌对常用磺胺类药物、青霉素及其他广谱抗生素不敏感，但对链霉素、异烟肼、氨基水杨酸和环丝氨酸等药物敏感。

中草药中的白芨、百部、黄芩等在实验室条件下对本菌有中等抑菌作用。本病主要通过呼吸道、消化道传染，此外，也可通过交配感染，患病貉为主要传染源，污染的笼舍、食具和场地也是不可忽视的传染源。环境潮湿，饲料营养不良，卫生条件不好，以及多种动物混养，有助于本病的发生和传染。

症状

貉结核病潜伏期 1～2 周，病程一般为 40～70 天。病貉不愿活动，食欲减退，进行性消瘦，易疲乏嗜卧，被毛无光泽，鼻镜湿润程度变化无常。当侵害肺部时，表现干咳，严重者出现呼吸困难。有的病貉鼻、眼有浆液性分泌物，咽喉淋巴结受侵害时肿大，易滑动，如榛子大，触之常有波动感，破溃后流出黏稠液体。局部被毛黏结，创面污秽不洁。有的病兽常打喷嚏和响鼻，有的出现化脓性鼻液。因此，鼻镜上形成淡黄色的痂皮。有些病例死前 1～2 周，出现后肢麻痹。

诊断

毛皮动物结核病缺乏特征性临床症状，因此临床诊断困难。可通过病理解剖和细菌学检查建立诊断。病理解剖的主要特点是，患病器官发生特异性、大小不等的干酪样和钙化变性的结核结节。细菌学检查：对病灶直接涂片，进行抗酸性染色，镜检见到红色短杆状菌，即可确诊。动物接种：将病料制成悬液，注射于豚鼠皮下 1ml，阳性反应者，10 天后出现硬结，并逐渐增长，3 周后破溃，1～2 个月内患全身性结核而死亡，从病灶中可分离出结核菌。

防治

杜绝可能带入结核菌的各种途径，实行综合性的防治措施，是防治结核病的好办法。对于珍贵毛皮动物，可应用抗结核药物如链霉素、利福平、异烟肼等进行治疗。一般的毛皮动物没有治疗价值，结合冬季取皮淘汰。因为抗结核药物比较贵，疗程长，从经济效益上讲，不合算。所以从生产角度出发走自群净化，发现病兽和可疑病兽应尽快隔离饲养，维持到取皮期。

八、布氏菌病

布氏菌病是由布氏菌引起的一种人兽共患慢性传染病。临床上以流产、子宫内膜炎、睾丸炎、腱鞘炎、关节炎等为主要特征。本病广泛分布于世界各地。给经济动物养殖业带来了很大的经济损失。

病原

布氏菌属分羊（马耳他热）布氏菌、牛（流产）布氏菌和猪布氏菌3种。毛皮动物是由布氏杆菌的羊型、猪型、牛型布氏杆菌引起的慢性传染病。本菌对外界环境有较强的抵抗力，在体外对干燥和寒冷能保持很长时间，具有传染性。在干燥的土壤中可存活37天，在水内存活6～150天，在湿润土壤中存活72～100天，在污染的皮张中可存活3～4个月，在粪便中存活45天，在尿中存活46天，在污染的衣服中能存活15～30天，在咸肉内存活4个月，在冻肉中存活5个月以上，在乳品中存活16天。

本菌对湿热特别敏感，55℃时2小时，65℃15分钟，70℃5分钟被杀死。煮沸可立即死亡。对一般消毒药敏感，1%～3%石炭酸、0.1%升汞、2%来苏尔、5%石灰乳数分钟可杀死本菌。对青霉素不敏感，链霉素、庆大霉素、卡那霉素对本菌均有抑制作用。

症状

潜伏期短者两周，长者可达半年，多数病例为隐性感染。发病时，多呈慢性经过，早期除体温升高、结膜炎等外，无明显可见症状。母貉表现流产、产后不孕、死胎或产弱生仔兽，食欲下降，个别的出现化脓性结膜炎，空怀率高，公兽配种能力下降等。

诊断

由于发生流产的病因很多，而本病的流行特点、临床症状和病理变化都不足以作为区别诊断的可靠依据，必须将病料送往实验室进行确诊。

防治

①加强饲养、疫情监测和卫生管理，预防由于引进带菌动物或运入被污染的畜产品和饲料而传入本病。必须引进家畜时，应从洁净区购买，进行检疫，确实健康的才能入群。②在临近疫区的地区，除做好上述预防措施之外，还应与疫区划分水源、草源，加强驱虫灭鼠和消毒等措施，对畜群应定期（如每季度一次）进行检疫。同时还应进行免疫接种，其中，以饮水免疫方法最为简便，安全有效。③疫区的防治措施。以防止传播，逐步肃清，就地扑灭为原则，抓好定期检疫、隔离、消毒、杀虫、灭鼠、处理病畜、幼畜培育和免

疫接种等工作。

第五节　貉常见寄生虫病及其防治

一、旋毛虫病

旋毛虫病是世界性人畜共患寄生虫病之一，本病是由旋毛虫的成虫寄生于肠管和它的幼虫寄生于横纹肌所引起的肠旋毛虫病和肌旋毛虫病的总称，这两型旋毛虫病在貉体依次发生。1963 年，我国人工驯养的貉，曾因生喂含有旋毛虫的兔肉和带有旋毛虫的肉类饲料而发生旋毛虫病，造成多例死亡。

病原

旋毛虫是一种很小的虫体，胎生，雄虫长 1.4～1.6mm，雌虫长 3～4mm，肉眼几乎难以辨识。成虫寄生在动物（宿主）的小肠里，称为"肠型旋毛虫"。幼虫寄生在同宿主的肌肉组织中，称为"肌型旋毛虫"，呈盘香状蜷曲于肌肉纤维之间，形成包囊，呈梭形黄白色小结节，长 300～500μm。旋毛虫对外界的不良因素具有较强的抵抗力，对低温有更强的耐受力。在 0℃时，可保存 57 天不死。但高温可杀死肌肉型旋毛虫，一般 70℃时可杀死包囊内的旋毛虫。如果煮沸或者高温的时间不够，煮得不透、肌肉深层的温度达不到致死温度时，其包囊内的虫体仍可保持活力。

症状

病兽无疼痛表现，只见到患兽不愿活动，食欲不振，慢性消瘦。寄生在小肠里的成虫吸取营养，分泌毒素，致使动物消化紊乱，呕吐，腹泻。最后由于毒素的刺激，导致病兽不愿活动，营养不良，抗病力下降。寄生在肌肉里的幼虫，排出代谢产物和毒素，刺激肌肉疼痛，呼吸短促，当天气变化，气温下降时出现死亡，或由于高度消瘦而失去种用价值。

诊断

生前不易发现，死后剖检，尸体消瘦，皮下脂肪沉着，筋膜下和背部肌肉里有罂粟粒大的黄白色小结节散在。剪去背最长肌有小结节的肌肉组织或膈肌，剪碎放于载玻片上，压片置于低倍显微镜下观察虫体，呈盘香状蜷曲的虫体，即可确诊。

防治

防治本病，关键是要加强肉品卫生检验工作，用犬肉或犬的副产品一定要严格检查，应采样镜检，或无害化高温处理后再喂动物。因为犬的感染率比较高，大型肉品屠宰场胴体检查专有旋毛虫检查一关，虽然检出率不高，但必须逐个采样镜检膈肌是否有旋毛虫，有者废弃不能食用。对一些可疑的肉类饲料或来自旋毛虫多发地区的犬肉和其他动物的肉类饲料，亦应高温处理。为保证高温处理肌肉深层达到100℃，应把要高温处理的肉切割成小块，以便彻底杀灭虫体。甲苯咪唑为广谱驱虫药，对肠内外各期旋毛虫均有效。按300mg/kg体重，每天量，分3次服用，连用5~8天。收效快而稳固，无副作用。

二、貉毛虱病

貉毛虱病是由毛虱引起的永久性外寄生虫病。病貉啃咬或用爪搔扒躯体局部，一般多见于颈部，背侧颈后至肩前或磨擦胸腹侧及腕掌的背面，出现针绒毛断折缺损。

病原

病原体为毛虱虫，雄虫长约 1.74mm、雌虫长约 1.92mm，呈淡黄色，有褐色斑纹，体呈扁平，头大呈四角形，宽于胸部；触角 1 对，分 3 节；口器属于咀嚼式，腹部宽于胸部；雄虱尾部钝圆，雌虱尾端分叉。

毛虱一生均在貉、狐体上度过，以毛、表皮的鳞片为食，但有时也吞食动物皮肤损伤流出的血液和渗出物。雌虱在其被毛上产卵，经 7～10 天孵化为稚虱，稚虱经 3 次蜕化后变为成虱，成熟的雌虱一般活 30 天左右，离开貉、狐体内的毛虱，在外界只能生存 2～3 天。毛虱主要靠接触传播，由于运输或密集饲养而造成传染扩散，被污染的垫草及用具也可造成传染。

症状

患貉骚扰不安，常呈犬坐姿势，用后爪蹬挠颈背部或啃咬摩擦胸腹侧乃至腕掌前面，局部针绒毛断脱，形成面积不等的秃斑，但皮肤不裸露。发生部位多位于项后肩前、胸腹侧和掌背腕前。轻者无明显的全身症状，食欲和精神状态正常。重者除局部被毛缺损外，出现营养不良，被毛粗乱、秃斑，不愿活动，食欲不振，严重者也有死亡。更重要的是造成毛皮缺损或不能取皮，造成经济损失。

诊断

将患貉抓住，在被毛缺损部位边缘的毛丛中查找毛虱，如果找到黄白似皮屑样小昆虫，经显微镜检查就可确诊。

防治

新引进的种兽一定要隔离观察饲养，确认无毛虱病后方能混入大群饲养；搞好环境卫生，避免笼舍过于拥挤；一旦发现病兽，及时隔离治疗。对笼舍及用具，要及时消毒，污染的垫草最好焚烧。

彻底消除貉体毛虱，最好方法是药浴，可用 0.5% ~ 1.0% 敌百虫温水溶液（20℃左右），也可用 12.5% 的溴氰菊酯水药浴。如果在温度低的季节进行药浴，一定要在暖和的屋子里进行，以防动物感冒。药浴时要将貉体浸入药水中，但头部不要浸泡，以防溺水中毒。如果在寒冷的冬季除虱，可用 20% 蝇毒磷乳粉加白陶土配制 0.5% 蝇毒磷药粉（即蝇毒磷乳粉 25g + 975g 白陶土混匀即成）。装在纱布袋里，向毛根部撒布。

三、貉螨病

又称疥螨病，由于螨虫寄生在貉的体表，所以叫体外寄生虫病，造成皮肤和被毛的损伤，是一种慢性寄生虫性消耗病，导致兽群抵抗力下降，生产能力低下，繁殖障碍，乃至死亡。

病原

目前在我国貉群中广为传播的螨虫病病原体，主要是疥螨属的疥螨和痒螨，足螨（食皮螨）和蠕形螨偶尔可见。前两种螨病，在毛皮动物的临床表现上不好区分，因为它形体比较小。貉通过直接接触或间接接触互相传播本病。通过接触污染的笼舍、食盆、产箱以及工作服、手套等也可间接传播。猫、犬是貉的重要传染源。

症状

痒螨（耳螨），多寄生于耳根、背、臀等密毛部位或耳壳内，虫体发育很快（8～12 天），对外界抵抗力强，很快波及全身。病兽表现不安、摇头、晃尾，头往笼网蹭，或用后腿蹭耳部，有的耳壳内有豆腐渣样的结痂，当螨虫侵袭鼓膜时，病貉站立不正，或出现神经症状，抽搐、痉挛。疥螨多寄生于病貉头、眼、嘴、颈、尾、腿等被毛较短的部位，严重时波及全身。病貉表现患部剧痒、掉毛（脱毛）、皮肤潮红、肿胀、有分泌物，局部皮肤上形成较坚硬白色胶皮样痂皮，患貉不时地啃咬患部。

诊断

根据临床症状，可作出初步诊断，必要时可从病兽的耳壳内刮取病料，放在黑色纸上，加热至 30～40℃，螨虫即爬出，肉眼可见到活动的小白点，也可用显微镜检查，发现螨虫即可确诊。或刮取腿部病健结合处的组织进行显微镜观察，发现虫体即可确诊。临床上应与真菌病鉴别开，主要不同点：螨病在全身部位都可感染，外观除脱毛外，病变部因啃咬和摩擦而出血，形成厚的痂皮，病变部形状不规则；真菌感染痒感轻微，病变部多数呈界线明显的圆形癣斑，痂皮脱落后呈现鲜红色，湿润，表面呈糜烂样并常带有残毛。如采集病料处理后用显微镜检查，两者更易区别。

防治

①全群服用伊维菌素。②注射伊维菌素针剂。③使用除癞灵涂抹结痂处，如果溃烂需要投服抗生素，用浓碘酊或甘油涂布患处。④当貉发生螨病时，要进行逐步检查，发现病貉立即隔离治疗。对病貉使用过的笼具用2%~3%热克疗林或来苏尔溶液消毒。最好在治疗病貉后，立即用上述药浴液对笼具和环境进行彻底消毒，不留隐患。引入新的品种时，应进行严格检查，并隔离饲养一段时间，确无螨病时再混群饲养。饲养人员与病貉接触后，应注意消毒，避免散布病原。

四、貉附红细胞体病

附红细胞体是一种人兽共患病，病原寄生在红细胞表面、血浆及骨髓中。病原为多形态，无细胞壁的原核生物，有人将其归为支原体。

病原

附红细胞体为附着在红细胞表面的多形态结构，在电镜下呈环形、圆形、盘形，无细胞器和细胞核。毛皮动物一年四季均可发病，高温季节多发，吸血昆虫是传播媒介，可经胎盘垂直传播，消毒不严格的注射器传播严重，许多毛皮动物带虫不发病，但在应激因素作用下发病。毛皮动物中貉最易感，其次是狐狸，水貂。

症状

潜伏期 6~10 天, 有的长达 40 天。体温升高到 40.5~41.5℃, 呈稽留热。鼻端干燥、精神差、便秘、呼吸迫促、心音亢进、结膜苍白、消瘦、衰竭、死亡。死后剖检, 血凝不良, 肺脏、脾脏、肾脏苍白, 肝脏黄染 (图 7-36~7-43)。

图 7-36　貉眼球塌陷

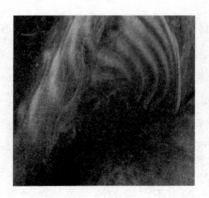

图 7-37　消瘦

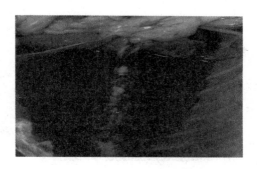

图 7 – 38　血液凝固不良

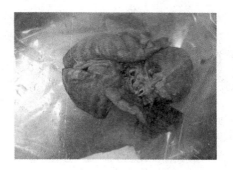

图 7 – 39　肺脏苍白出血

图 7 – 40　肝脏黄染出血

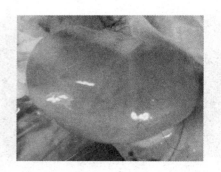

图 7 - 41　肾脏被膜紧张苍白

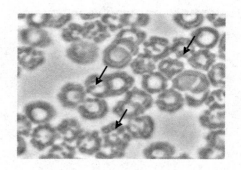

图 7 - 42　感染附红细胞体的红细胞（10 × 40）

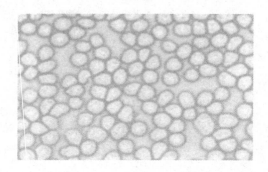

图 7 - 43　正常貉红细胞（10 × 40）

诊断

根据流行病学特点，临床症状及病理变化可初步诊断。血液图片，染色，显微镜观察红细胞形态，如有虫体即可确诊。也可采用血涂片直接镜检法，在 1 000 倍显微镜下可见红细胞变形，周边呈锯齿状或呈星芒状，有的红细胞破裂。在红细胞表面上有 1 至数个针尖状大小的蓝黑色小颗粒，染虫率达 70% ~ 100%，即可确诊为附红细胞体。

防治

加强饲养管理，灭蚊蝇，全群预防性投药。发病兽使用抗生素或强力霉素拌料，每天 2 次，连喂 5 ~ 7 天。长效土霉素、四环素也可以。贫血严重的病兽要投服维生素 B_{12}、硫酸亚铁、黄芪多糖、电解多维。也可肌肉注射咪唑苯脲，用 3 天。附红细胞体病的一个显著特征是低血糖、酸中毒，因此，治疗时要防止低血糖、酸中毒，对发病貉静脉注射 10% 葡萄糖和碳酸氢钠。

第六节　貉营养代谢病及其防治

一、维生素缺乏症

维生素缺乏症，是动物体内维生素缺乏或不足，而引起的代谢功能失调的综合性疾病症候群。

● （一）维生素 A 缺乏症 ●

维生素 A 缺乏或不足，是以上皮细胞角化，视觉障碍和骨骼形成不良为特征的维生素缺乏病。

病因

饲料中维生素 A 含量不够或补给不足，达不到动物体的需求量；日粮中维生素 A 遭到破坏、分解、氧化、流失和吸收障碍等，如饲料贮存过久或调制不当脂肪酸氧化；动物本身患有慢性消化器官疾病，严重影响了营养物质的吸收和利用；混合料中添加了酸败的油脂、油饼、骨肉粉及陈腐的蚕蛹粉等，使用氧化了的饲料，使维生素 A 遭到破坏，导致维生素 A 缺乏。

症状

成年貉和幼貉的症状基本相似。病貉早期症状为神经失调、抽搐和头后仰，病兽失去平衡倒下，应激性增高，受到微小的声音刺激，便会引起病貉的高度兴奋，沿着笼子奔跑或旋转，极度不安，步履蹒跚；个别病例神经性发作，持续时间 5~15 分钟；仔兽的正常消化功能受到不同程度的破坏，出现腹泻症状，粪便内混有多量黏液和血液；另外维生素 A 不足时，会造成大批动物出现肺炎症状；生长发育停止，换牙延迟；导致成年貉繁殖障碍，母貉不发情或发情不规律，易流产、死产、空怀率增高，公貉性欲低下，少精、死精、配种能力不强；个别的发生干眼症。

诊断

对病貉的血液和死亡动物肝脏内维生素 A 的含量测定，同时进行日粮的分析。如可疑也可进行治疗性诊断，在饲料中添加鱼肝油，如症状明显好转，则为维生素 A 缺乏症。

防治

必须根据貉不同生长时期的需要量来添加维生素 A，特别是在配种准备期、妊娠期和哺乳期，在饲料中必须添加鱼肝油或维生素 A 浓缩剂，貉每日每千克体重应补给 500～600 单位，对病貉的治疗量应为 600～800 单位。在日粮内补给动物鲜肝及维生素 E 具有良好作用，后者能防止肠内维生素 A 的氧化。鱼肝油必须新鲜，酸败的禁用。否则，不但不起治疗和预防作用，反而有害。

● （二）　维生素 C 缺乏症 ●

维生素 C 缺乏引起仔貉红爪病。主要原因是哺乳期母貉体内维生素 C 缺乏或不足所致。

症状　　仔貉有红爪病症状如尖叫、乱爬、头向后仰、衰弱、趾间溃疡和龟裂、脚掌和爪充血发红。

预防措施　　在母貉妊娠期特别是中、后期，要绝对保证饲料新鲜，给予足量的新鲜蔬菜，并补充维生素 C 注射液肌注，或用滴管从口中滴入，每日 2 次，每次 0.1g，一般连用 3～5 天即可治愈。与此同时，在母貉日粮中添加足量的维生素 C 制剂。

● （三）　维生素 E 缺乏症 ●

症状　　当维生素 E 缺乏或不足时，貉繁殖机能受到破坏，母貉配种期拖延，不孕和空怀数增加及流产，产仔数减少，仔貉虚弱易死亡；公貉性机能减退或消失，精子生成发生障碍。

表现代谢机能障碍时，为黄脂肪病，肝中毒性营养不良。

预防措施　　不喂贮存过久的鱼、畜禽肉类及其下杂，尤其在配种期和妊娠期，一定要保证饲料的新鲜度，在日粮中补加新鲜的肝和麦芽，或在正常标准日粮的基础上，每日补给维生素 E 貉预防量每千克体重 5～10mg，治疗剂量为每千克体重 15～20mg。

● （四） 维生素 B_1 缺乏症 ●

症状　仔貉维生素 B_1 缺乏时，其临床特征为，后肢麻痹或不全麻痹，被毛暗淡发黏，精神高度沉郁、嗜眠，吮乳能力弱或无吮乳能力，常出现阵发性抽搐，全身无力、虚弱。

预防措施　发现并确定仔貉发生该病后，首先要在母貉饲料中补充足量的维生素 B_1 制剂，增加富含维生素 B_1 的饲料，如新鲜的肝、瘦肉及酵母等。以淡水鱼为主的动物性饲料，必须熟制后才能喂貉，以防这类鱼体内所含的硫胺素酶破坏维生素 B_1。貉预防剂量为每千克体重 0.5～1.0mg，治疗量加倍。

● （五） 维生素 B_2 缺乏症 ●

症状　仔貉维生素 B_2 缺乏时，能引起脂溢性皮炎，绒毛呈灰白色或出生后无毛，被毛发黏似水湿样，体弱，生长迟缓。

预防措施　发现该病后，及时对仔貉注射或口服维生素 B_2，貉治疗剂量为每千克体重 0.5mg。

● （六） 维生素 B_6 缺乏症 ●

症状　妊娠母貉空怀和仔兽死亡率增高，公貉无精子，性机能消失，睾丸显著缩小并变性，仔貉生长发育极迟缓。健壮公貉的尿结石与维生素 B_6 缺乏有关。

预防措施　发现该病后，及时补给维生素 B_6 制剂，能收到良好的治疗效果。貉预防剂量为每千克体重 0.8～1.0mg，治疗剂量为每千克体重 1.5～2.0mg。

● （七）维生素 B_{12} 缺乏症 ●

症状　表现贫血，可视黏膜苍白，消化不良，肝脂肪变性，食欲丧失。妊娠期维生素 B_{12} 缺乏，仔貉死亡率增高，母貉食仔数增加。

预防措施　按貉通常的日粮标准饲喂，就能满足要求。治疗用维生素 B_{12} 效果较好，治疗量按每千克体重注射 10～15mg，1～2 天注射一次，直至全身症状消失，停止用药。

● （八）叶酸缺乏症 ●

症状　当叶酸缺乏时，表现被毛褪色和脱毛，脱毛开始于耳间，并逐渐扩展到头、前肢、躯干、背部直至尾部。育成貉叶酸缺乏时，生长明显受阻。

预防措施　在治疗上口服或注射泛酸钙 3～4mg，能够吸收；口服丙基硫酸嘧啶更好。

于日粮中补充肝、豆浆、乳制品及干酵母和新鲜的蔬菜。貉每日补充泛酸钙 1～1.5mg，妊娠期增加到 5～10mg。禁止饲喂变质的动物性饲料和过量的谷物性饲料。长期以干饲料喂兽时，必须补充泛酸钙，脂肪含量过高的肉类及其下杂，在加工时，应除去过多的脂肪。

二、佝偻病

佝偻病是幼龄动物钙磷缺乏或代谢障碍，引起成骨过程延迟、骨盐沉积不足、骨质钙化不良，未钙化的骨基质增多，长骨可呈现软化变形的病症。

病因 饲料中钙、磷、维生素 D 缺乏，钙、磷比例不当，饲料中含脂肪酸或镁、铁等金属离子过多，影响钙磷吸收，肝、肾病变，甲状旁腺素分泌减少，胃肠疾病或伴有蠕动加快时，影响钙磷吸收及体内钙、磷排出过多时，均可引起貉钙磷代谢障碍性疾病。阳光照射不足时，维生素 D_3 的酮体转化困难，同样也导致本病。貉生长发育强烈，特别是仔貉生长发育期，母貉妊娠期、泌乳期，对矿物质钙、磷含量降低，骨骼中贮存磷酸钙的能力减弱，破坏骨的正常形成功能，导致佝偻病。

临床症状 佝偻病常发生在生长发育较快的仔貉，最明显表现是：肢体变形，两前肢肘外向呈"O"形腿，有的病貉肘关节着地。最先发生于前肢骨，接着是后肢骨和躯干骨变形。在肋骨和软骨结合处变形肿大呈念珠状。仔貉佝偻病形态特征表现为头大，腿短弯曲，腹部增大下垂。有的仔貉不能用脚掌走路和站立，而用肘关节移行。由于肌肉松弛，关节疼痛步态拘谨，多用后肢负重，呈现跛行。定期发生腹泻。病貉抵抗力下降，易感冒或感染传染病。患佝偻病的幼貉，发育落后，体型短小。如不及时治疗，以后可转成纤维素性营养不良。

剖检变化 尸体消瘦，体躯一般比较小，骨软化和畸形。各关节的骨骺肥厚，颅骨比较薄，管状骨骨体变弯，骨密质疏松，色泽比较暗，肋骨与软肋骨结合处变大，呈念珠状，用刀很容易切割。骨密质比健康骨疏松。

诊断　　根据临床症状和剖检变化，可以作出初步诊断，辅助诊断可用 X 光线透视和照相。

防制措施　　治疗必须给予维生素 D，常用维生素 D 油剂或鱼肝油，每日剂量：貉为 1 500 ~ 2 000 单位，持续两周，以后转为预防量。同时应增加日照时间，日粮内投予新鲜碎骨或骨粉。

预防主要措施为日粮内加入维生素 D。每千克体重 40 ~ 50 国际单位。母貉妊娠期、泌乳期需要维生素的最低标准是 100 单位/kg 体重，应予补足，特别是当貉饲养于遮阳棚舍或笼内而日粮内钙磷不足时，补加维生素 D 特别重要。必须注意日粮内钙、磷的合理比例（1 ~ 2）：1。饲料内骨不足时，补骨粉。

第七节　貉常见饲料中毒病及其防治

一、食盐中毒

食盐是动物体内不可缺少的矿物质成分。日粮中有适量食盐，可增进食欲，改善消化，保证机体水盐代谢平衡。但摄入食盐过多，特别是饮水不足时，则发生中毒。

病因　　由于计算错误或不检斤，日粮内加入食盐过多或饲料调制不均，个别貉摄入过量食盐而中毒。饲喂咸鱼，如浸泡时间过短或盐分过高，会引起大批貉中毒，特别在摄入食盐过多，又缺乏饮水的情况下，更易发生中毒。日粮中钙、镁不足时，貉对食盐的敏感性增强。炎热季节，动物体液减少，对食盐的耐受性降低。

临床症状　貉食盐中毒，可见兴奋不安，从口鼻流出少量泡沫状唾液，主要表现为急性胃肠炎症状，呕吐，腹泻，全身衰弱。有的运动失调，排尿失禁，继而四肢麻痹。

剖检变化　口角流涎，口内有少量食物及黏液。肌肉暗红色，干燥。主要变化是胃肠黏膜充血和肥厚，肺、肾及脑血管扩张。个别病例，心内膜、心肌、肾及肠黏膜有点状出血。

防制措施　立即停止饲喂含食盐的饲料，加强饮水，但有限制地、间隔短时间地给予少量饮水。因为无限制地自由饮水，可导致病兽继续增加。后期病兽不能自由饮水时，可用胃管给水或腹腔注射灭菌的冷水。为了维持心脏机能，可注射强心剂，皮下注射10%～20%樟脑油0.5～1.0ml。为了预防食盐中毒，要严格掌握貉饲料中的食盐含量和标准，加盐要准确，喂海鱼和淡水鱼，加盐要区别对待，特别是含盐量高的鱼粉或咸鱼，脱盐要彻底，饲料搅拌要均匀。

二、动物性饲料中毒

动物性饲料中毒是以腐败变质或被污染的肉、鱼、乳、蛋等饲喂貉而引起的一类中毒病。

病因　腐败变质或被污染的动物性饲料中含有大量的沙门氏菌、肉毒梭菌、葡萄球菌、痢疾杆菌、链球菌等。沙门氏菌进入动物体大量繁殖，多引起急性感染，也可在肠道中，大量的沙门氏菌裂解释放内毒素，不仅对胃肠黏膜产生强烈地刺激作用，吸收后还影响体温调节中枢。肉毒梭菌、葡萄球菌、链球菌等，在腐败的动物性饲料中大量繁殖，产生外毒素，被动物吸收而引起中毒。动物性饲料中蛋白质含量较高，在细菌或酶的作用下，发生分解、变色，并产生有各种恶臭味的新陈代谢产物，如蛋白质被分解而形成氨基酸，并再分解产生各种胺类，这些胺类即可引起中毒。毒鱼也是导致动物性饲料中毒的原因之一。

临床症状　由于引起中毒的原因不同，症状也不同。主要表现呕吐、腹泻等消化道疾患及昏迷、痉挛、麻痹等神经症状。葡萄球菌中毒，首先表现不安、呕吐、腹痛，随后发生腹泻、呼吸困难、痉挛、惊厥，最后衰竭而死。毒鱼中毒主要表现神经系统机能紊乱，呼吸和运动中枢麻痹。呼吸困难、痉挛、昏迷、瞳孔散大、黏膜发绀、呕吐、腹泻、心跳加快、体温降低、因呼吸麻痹而死亡。

剖检变化　主要表现胃肠道变化。胃肠黏膜充血、出血，肠系膜淋巴结肿大，肝、脾、肾、心、肺等实质脏器肿大、充血，有的发生脑膜充血，脑水肿等。

诊断　根据发病情况和临床症状可初步诊断，确诊还需对饲料和呕吐物等进行检验分析。

防制措施　无特效药物，主要采取催吐和下泻方法，尽快排出毒物。并采用葡萄糖、维生素 C、青霉素等进行全身治疗。若有神经症状，可选用溴化钾等药物。对动物性饲料要进行严格的兽医卫生检查，对被污染、腐败变质的饲料及毒鱼不能饲喂貉，对不熟悉品种的鱼，应先进行安全试验，再饲喂。平时对饲料应加强管理，发病应立即更换饲料并及时治疗。

三、霉玉米中毒

病因

主要是给貉饲喂发霉的玉米或玉米面而引起的中毒。

临床症状

食欲减退、呕吐、拉稀、精神沉郁，出现神经症状，抽搐、震颤、口吐白沫、角弓反张，癫痫性发作等。急性病例，有的在临床上看不到明显症状而发生死亡。

剖检变化

常见胃肠黏膜充血、出血、溃疡、坏死，肝、肾充血、变性、坏死等。

诊断

在同一时间内，多数发病或死亡，就应注意检查饲料的质量，特别是谷物性饲料（玉米为主）。

玉米粉碎后堆放，不及时散热容易引起玉米霉变。结合流行病学、临床症状、病理变化等特征，进行综合性诊断。

要检查饲料有无发霉情况，并采样送有化验室单位进行霉菌分离与鉴定，进行有毒物质的毒性和毒力动物试验等，做出最后诊断。

治疗

原则上，应立即停喂有毒饲料，撤出尚有剩食的饲盆（碗）。饲料中加喂蔗糖或葡萄糖、绿豆水解毒，静脉或腹腔注射等渗葡萄糖注射液。为防止出血，可用止血剂维生素

K 等。

四、有机磷农药中毒

有机磷农药，是我国目前应用最广泛的一类高效杀虫剂，其种类很多，并不断得到更新，常用的有以下几类：磷酸酯类（敌敌畏、久效磷、三甲苯磷、毒虫畏和杀虫畏等）、硫代磷酸酯类（对硫磷、蝇毒磷、皮蝇磷、马拉硫磷和乐果等）、磷酸脂和硫代磷酸类（敌百虫、苯硫磷等）。上述这些有机磷农药，除用作农药杀虫剂外，还常用于动物体灭虱、除蚊蝇，驱除体表和胃肠道寄生虫以及作为灭鼠剂，引起动物中毒的，主要有敌敌畏、敌百虫、对硫磷、乐果、马拉硫磷和蝇毒磷等。

病因

有机磷农药可经消化道、呼吸道或皮肤进入动物体内而引起中毒。常见的原因有采食、误食喷洒过有机磷农药不久的蔬菜；用装过有机磷农药的容器作饲槽或装运动物及改作小室笼舍；用药不当，如用有机磷农药治疗外寄生虫，涂布面积过大，或驱除胃肠道寄生虫时用量过大等。

临床症状

貉急性中毒时，呼吸困难、打喷嚏、气喘不安、流涎、有泪、排便频繁、黏膜发绀、瞳孔缩小、对外界刺激反应增强、个别肌群痉挛收缩或震颤、运动失调等，最后昏迷而死。

剖检变化

经消化道急性中毒者，胃肠内容物具有有机磷农药的特殊气味，胃肠黏膜充血、出血、肿大，并多半呈暗红色，黏膜层易剥脱，肺充血、肿大，气管内常有白色泡沫存在。肝、脾肿大，肾脏混浊肿胀，被膜不易剥离，切面为淡红褐色。

诊断

本病的诊断，主要根据是否接触有机磷农药的病史，有无以胆碱使神经兴奋效应为基础的临床表现，如流涎、瞳孔缩小、肌肉痉挛、呼吸困难等，进行综合分析。

防治措施

有机磷农药中毒的治疗原则是，首先实施特效解毒，然后尽快除去尚未吸收的毒物。经皮肤沾染中毒的用1%肥皂水或4%碳酸氢钠溶液洗刷，经消化道中毒的，可用2%～3%的碳酸氢钠或食盐水洗胃，并灌服活性炭。但需注意，敌百虫中毒不能用碱水洗胃和洗涮皮肤，因为敌百虫在碱性环境内可转变成毒性更强的敌敌畏。实施特效解毒，根据有机磷中毒的发病机理，应用胆碱脂酶复活剂和乙酰胆碱拮抗剂进行特效解毒，可收到良好的效果。胆碱脂酶复活剂有解磷定、氯磷定、双解磷、双复磷等。解磷定和氯磷定的用量一般为每千克体重15～30mg，以生理盐水配成2.5%～5%溶液，缓慢静脉注射，以后每隔2～3小时，注射一次，剂量减半。视症状缓解情况，可在24～48小时重复注射。双解磷和双复磷的剂量为解磷定的一半，用法相同。常用的乙酰胆碱拮抗剂是硫酸阿托品。由于有机磷农药中毒的机体，对阿托品的耐受力常成倍增加，又系竞争性对抗剂，因此，必须超量应用，达到阿托品化，方可取得确实疗效。硫酸阿托品的一次用量，貉0.03～0.08mg，皮下或肌内注射，临床实践表明，阿托品与胆碱脂酶配合应用，疗效更好。预防措施是认真保管好农药，喷洒过农药的田地，7 天之内蔬菜不得喂兽，按规定的用量，应用有机磷杀虫剂治疗动物寄生虫病和灭蝇等。

五、黄脂肪病

黄脂肪病又称脂肪组织炎、肝脂肪变性、肝脂肪营养不良。我国各地貉场时有发生，给貉饲养业带来相当大的经济损失。

病因

本病的发生因饲料内脂肪酸败，而又未加抗氧化剂的情况下发生。硒及维生素 E 或维生素 B 缺乏，可促进本病的发生和发展。貉常饲喂畜、禽肉或鱼等动物性饲料，若畜禽屠宰后于常温下放置过久，或利用死亡时间较长的畜禽肉作饲料，含脂肪较多的动物性饲料贮藏温度偏高或贮存时间过长，则其中的脂肪发生酸败。鱼类等含不饱和脂肪酸较多的饲料，更易氧化腐败。管理不当，如夏季或笼内不经常清理，或貉吃了变质的饲料，也是本病常见的原因。

临床症状

本病一年四季均可发生，但以炎热季节多见，多发生于生长迅速、体质肥胖的幼貉，急性型：有时无先兆症状而突然死亡，或见腹泻，粪便呈绿色或灰褐色，混有气泡和血液，最后变成煤焦油样粪便，食欲废绝，饮欲增加，可视黏膜轻度黄染。慢性型：食欲大减，生长停滞，体重减轻，被毛蓬乱无光，病至后期，出现腹泻，粪便黑褐色并混有血液，步态不稳。

剖检变化

急性时尸体营养良好，慢性病例尸体消瘦。皮下组织胶样浸润，皮下脂肪变性发硬，呈黄色。实质器官有脂肪沉积，为黄褐色。肝肿胀，质地脆弱，呈灰黄色，切面干燥无光泽，弥漫性肝脂肪变性，肾增大，呈灰黄色，切面平展。

诊断

根据临床症状、剖检变化及饲养状况，可以诊断本病。

防制措施

本病无特殊治疗方法，为预防继发感染，可肌注青霉素10万~20万单位。在饲料中补充维生素 E 和氯化胆碱能预防该病的发生。特别是长期饲喂贮存过久或已氧化变质的鱼类更应大剂量补充维生素 E 和氯化胆碱，如已确诊貉发生了黄脂肪病，应立即停喂变质的鱼、肉类，更换新鲜的动物性饲料，同时对病貉注射维生素 E，每千克体重 10mg，维生素 B_1，每次 25~50mg。对消化系统有炎症的，可选用庆大霉素、诺氟沙星控制肠炎。

第八节　貉常见普通病及其防治

一、感冒

感冒是机体不均等受寒，引起的病理生理防御适应性反应，是全身反应的局部表现，是导致很多疾病的基础，是貉常见多发病。

病因　　多是气候骤变、粪尿污染、垫草潮湿、受贼风侵袭、长途运输等引起。当貉抵抗力不佳时，突然受到寒冷，或致敏物刺激皮肤、黏膜、毛细血管收缩、血液循环障碍、发炎、黏膜柱状上皮细胞发生应激反应，变成杯状细胞分泌出液体，以冲洗黏膜炎症产物。同时体温调节中枢也发生相应的变化，体温升高，所以在临床上出现流鼻涕、淌眼泪和发烧的现象。

临床症状　　感冒在临床上的表现是上呼吸道感染，由于被侵害的部位不同，临床上可出现急性鼻炎、咽喉炎和气管炎。患貉表现精神沉郁，食欲减退或废绝，两眼半睁半闭，鼻镜干燥，不愿活动，多蜷卧于笼内。体温升高，有的从鼻孔中流出浆液性鼻汁，咳嗽，呼吸浅表，加快，有的出现呕吐。

鉴别诊断　　临床上感冒与犬瘟热初期症状相类似，主要区别是：犬瘟热除侵害呼吸系统外，还侵害消化系统，出现腹泻和便血。而感冒则无此症状，粪便有时甚至干燥。犬瘟热型为双相热，即体温出现两次升高，中间出现无热期，而感冒一般是持续性发热，感冒经抗生素、病毒唑、感康及安痛定治疗容易治愈，犬瘟热经抗生素治疗后仅能缓解消化系统和呼吸系统症状，不能治愈，并伴随很高的死亡率。此外，犬瘟热在发展过程中，还出现严重的化脓性结膜炎和鼻炎、皮屑、肛门和脚垫肿胀及特殊的异味等，都是感冒所不具备的症状。如再结合犬瘟热疫苗免疫状况及对死亡貉实验室检查更易区别。

防治措施　　用安痛定 0.5～1ml，青霉素 20 万～30 万单位，肌内注射，每日 2 次。加强饲养管理，注意防寒保温，喂给易消化、富有营养的饲料。

二、仔兽消化不良

哺乳期仔兽消化不良，其特征是排黄色稀便。各养貉场都有发生。

病因

主要是母貉肠道疾病或乳腺疾病引起乳质不佳，而导致周龄内仔貉发生下痢。如用劣质饲料饲喂泌乳母貉，幼貉的胃肠消化机能很脆弱，在有害变质的乳汁和不良的因素影响下，很容易发生消化机能障碍。高蛋白的乳汁在仔貉肠道内异常发酵，产生有害物质，刺激肠蠕动加快出现下痢。

临床症状

一般消化不良，主要发生于初生后一周龄以内的仔貉。发育滞后，腹部不饱满，叫声异常，粪便为液状，呈灰黄色，含有气泡，肛门污染稀便。本病具有局部发生的特点，本病多为暂时性地持续 4~7 天，多数转归痊愈。

剖检变化

在肠管内有大量黄色液状内容物，胃内有食物残渣或乳块，充满气体，肠壁薄，肝脏常常呈黄色。

诊断

根据下痢症状和日龄，即可作出初步诊断。

防制措施

本病虽然死亡率不高，但也应注意护理治疗，否则也会造成仔貉损失。加强母貉泌乳期的饲养，保证给予优质、全价、易消化的饲料。对泌乳母貉，根据病情进行适当治疗，一般给母貉饲料中加入一定量的药物，通过母貉转给仔貉，达到预防和治疗的目的。注意产箱内的卫生，特别是仔貉开始吃食时，更要注意产箱内的卫生，及时清除箱内剩食或粪便。

三、貉急性鼻卡他

急性鼻卡他是鼻黏膜的急性表层炎症，可分为原发性和继发性两种。

病因

原发性急性鼻卡他是单纯的由于感冒所引起的疾病。多发生在秋末、冬季和春初，尤其幼貉易发。其他原因，例如粉尘、烟雾、花粉、真菌、农药、氨等异味刺激，机械损伤也能引起发病。继发性鼻卡他则伴随其他疾病而发生，例如犬瘟热、鼻疽等。

症状

发病初期，鼻黏膜充血，干燥。数天以后发生水肿，带有光泽，流出浆液性、黏液性或脓性鼻液。幼貉频发喷嚏，摆头，并以前肢摩擦鼻端。

治疗

通常采用局部吸入疗法，用水蒸气、1%～2%碳酸氢钠、1%克硫林溶液或1%石炭酸溶液等，进行蒸汽吸入，或用收敛药溶液清洗鼻腔也有效。

四、支气管炎

支气管炎，可分为急性、慢性和格鲁布性等类别。

1. 急性支气管炎

多限于支气管、气管和喉头黏膜发炎，实际上还属上呼吸道炎症。

病因

①素因：幼貉、体质衰弱、营养不良。②感冒：由于寒冷潮湿的外界环境、气候突变、浓雾天气的影响，寒冷空气直接刺激支气管黏膜，使黏液分泌量增加，导致绒毛上皮细胞麻痹，促使支气管内常在细菌繁殖。③有害气体的刺激：氯气、氨气、烟雾、真菌、尘埃、花粉等。④传染性疾病，如犬瘟热。⑤继发症。

症状

急性支气管炎，发高热，病貉高度沉郁，脉搏频数，食欲减退，频频发咳。开始时干咳，后变为湿性咳嗽。当微细支气管发炎时，其咳嗽从开始就呈干性弱咳。鼻孔流出水样液体、黏液或脓性鼻液。

治疗

改善饲养管理，喂给新鲜易消化的全价饲料，注意通风，保持安静。

药物疗法：肌内注射青霉素，15 万 ~ 25 万单位。分泌物过多时，口服氯化铵 0.1 ~ 0.5g。

2. 慢性支气管炎

病因

同急性支气管炎，通常多由急性支气管炎转化而成，或由于心脏病和肺病而引起。

症状

与急性支气管炎相似，其主要症状为咳嗽，咳嗽时流出多量的黏液。发生支气管扩张或肺气肿时，呈现呼吸困难。后期营养不良，多发生卡他性肺炎。

治疗

治疗本病需要较长时间，疗法同治疗急性一样。宜用兴奋性祛痰药，即使用松节油、松馏油、克疗林、氯化铵等药物也有效。

五、胃肠炎

胃肠炎

本病为胃黏膜的急性卡他炎症，以蠕动和分泌障碍为主要特征的常见多发病。

病因

①饲养管理不当；②饲料变质；③采食有害物质（磷、砷等）；④病原微生物（巴氏杆菌、副伤寒、犬瘟热、钩端螺旋体等）感染。

症状

因病因而异，食欲不振或不定。呕吐是患貉普遍出现的症状，胃黏膜炎症的程度越严重，则呕吐次数越多。开始时吐出食糜，后则吐出泡沫样黏液和胃液。病变严重的，可吐出混有血液，胆汁的黏膜样碎片。

全身症状，病貉表现精神沉郁、不愿活动、体温升高、腹部蜷缩、黄色舌苔和特异的口臭。

治疗

如果是普遍发生，应改变全群的饲料质量和卫生情况。如果是个别发生，就调整个别动物卫生、饮水、食欲，投给健胃药。

1. 急性胃肠炎

病因

①饲养管理不当：如吃腐败饲料，饮水不洁。

②诱因：通常胃肠内的常在的细菌群虽是无害的，但当长途运输引起动物过度疲劳或感冒，机体抵抗力下降时，则可导致严重的危害。

③继发于某些传染病和寄生虫病，如犬瘟热、巴氏杆菌病、大肠杆菌病、副伤寒、病毒性肠炎等。

症状

①胃炎症状：病的初期食欲减退，有时出现呕吐，病的后期食欲废绝。口腔黏膜充血，干燥发热、精神沉郁、不活动。

②肠炎症状：腹部蜷缩，弯腰弓背，肠蠕动增强，下痢，排出蛋清样灰绿色稀便，严重者可排血便。体温变化不定，也可能升到 40~41℃（或以上），濒死期则体温下降。肛门及会阴部被毛有稀便附着，幼貉出现脱肛现象，腹部鼓气。下痢严重者，表现出脱水、眼球塌陷、被毛蓬乱、昏睡、有

的出现抽搐。

剖检

主要表现胃肠黏膜肿胀、充血，覆盖以黏液，或有出血性溃疡，胃肠内空虚，肝充血、淤血、色暗红、质地脆弱。

诊断

根据临床症状，确定胃肠炎不困难。主要根据是粪便颜色和稠度，有时卡他性胃肠炎容易与某些传染病相混同，必须加以鉴别。

大肠杆菌病：主要侵害 1～10 日龄仔兽。

犬瘟热：除有腹泻外，还有犬瘟热的固有症状，如结膜炎、鼻炎、皮肤脱屑等。

治疗

应着眼于大群防治，从饲料中排除不良因素。有条件的，可加喂牛奶或奶粉，必要时在饲料中投入一定量的广谱抗生素或磺胺类药物。

预防

加强饲料的管理，严格控制来源不清、发霉变质的动物性饲料和谷物饲料。要重视饲料调制车间的卫生和管理。

2. 出血性胃肠炎

出血性胃肠炎多发生于传染病或食物中毒，以及急性胃肠炎未能及时治疗而转化为出血性胃肠炎。

病因

同一般的胃肠炎。

症状

比一般的胃肠炎恶化，精神萎靡不振、不活动、鼻镜干燥、眼球塌陷、口渴、食欲废绝、步态不稳、体躯摇晃、蜷腹弓腰、下痢、排煤焦油样或带血粪便。后期体温下降，后躯麻痹，惊厥，痉挛而死。

病理变化和治疗

见一般胃肠炎。

六、流产

流产是貉中后期发生妊娠中断的一种表现形式，从生殖道内流出死亡或发育不全的胎儿。但在很多的情况下，看不到流产物，一般多被流产母兽吃掉。有时能看到母兽排出吃过胎儿的暗红色膏状的粪便，所以在日常管理中要注意观察。

病因

引起貉流产的原因很多，其主要原因是饲养上的错误。如饲料的突变，营养不全价，饲料霉败变质，冷藏过久，维生素补给不足或不当；饲料中混进异味引起动物拒食，外界环境不安，生殖器官的炎症等。妊娠中后期特别易引起流产。

症状

貉多发生隐性流产，看不到流产的胎儿，但有时在笼网上或地面上能看到残缺的胎儿、恶露，有的能看到从阴道内流出恶露。母貉食欲不好或拒食。

防治

对已发生流产母貉，要防止子宫炎症和自身中毒。肌内注射青霉素，每次 10 万～20 万单位；复合维生素 B 注射液0.5～1.0ml。

对不全流产的母兽，设法防止其胎儿死亡。常用复合维生素 E 注射液，肌内注射保胎药物孕酮。

预防

在整个妊娠期，保证饲料全价、蛋白质充足、新鲜、恒定。

七、难产

貉在人工驯养条件下，难产也是经常出现的产科病。特别是饲料管理不当，更易出现此种现象。

病因

怀孕期饲料不恒定，经常发生变化，造成怀孕母兽食欲波动或拒食；喂给腐败变质饲料；怀孕前期饲料过于优厚造成母体过胖；雌激素、垂体后叶素及前列腺素分泌失调；子宫内膜炎；初产年青貉；由于胎儿发育不均，生命力弱，大小不等，死胎、畸形、胎儿水肿，母体产道狭窄，胎势、胎位异常等，都是发生难产的原因。

症状

多数母貉超出预产期时发病，病貉表现烦躁不安，呼吸迫促，行动不安，来回奔走，有分娩行为，努责、排便，发出痛苦的呻吟；有的从阴道流出褐红色血样分泌物，后躯活动不灵活，常常两后肢拖地前进，患貉时而回视腹部，不时的舔舐外阴部。也有的胎儿前端露出外阴，夹在阴道内久久产不下来。母貉衰竭，精神萎靡，子宫阵缩无力，乃至昏迷。

诊断

根据母貉已到预产期，并具备临产的表现，不见胎儿娩出，阴道内有血污排出，时间已超过 24 小时，可以视为难产。

治疗

当发现母貉半日产不出胎儿，先行催产。首先使用催产素，在使用催产素 2 小时之后，胎儿仍不能娩出时，则应采取人工助产或进行剖腹产。

八、自咬症

自咬症是貉多见的慢性经过的疫病，病貉咬自己躯体的某一部位，多数是咬尾巴，造成皮张破损。本病在貉饲养场时有发生。

病原

本病病原目前还研究的不够充分。有人认为，是营养代谢病，有遗传病之说，有些学者认为是外寄生虫病，有些研究者已从患病动物的脏器中分离到病毒。

流行特点

本病没有明显的季节性，但成年兽在春季性兴奋期和产仔期发作，幼兽多在 8 ~ 10 月发作。自咬病的发病率与饲料中动物性饲料的比例成正相关，动物性饲料比例高的年份发病率高。病兽是主要传染来源，一般认为本病不表现接触传染。

临床症状

患兽表现极度不安，狂躁、厌食，甚至拒食，应激性过高，口中发出嘶嘶声，反复发作，疯狂地啃咬自己的尾、爪及后躯各部。发作时常呈旋转式运动，并发出刺耳的尖叫声，多数咬断尾毛和后躯部被毛或咬伤尾、后肢内侧及腹部，更甚者咬断尾部。病貉多因并发败血症等疾病或衰竭死亡，少数即使未死体况也极差。该病多在幼貉及青年貉中发生，所以病貉不仅极度消瘦而且因为骨骼发育不良，体型较小。病貉多在冬季来临前死亡，其毛皮尚未成熟，质量低劣。只有少数能活到冬毛生长期，却因皮毛伤处多，毛皮质量太差影响等级，根本卖不上价。

剖检变化

自咬症死亡的尸体，一般比较消瘦，自咬部位有咬伤，结痂、被毛残缺不全。内脏器官无明显变化，慢性病例胃黏膜有溃疡。

诊断

自咬症的诊断从外观，咬破肢体，流血感染，衰竭等发病症状即可确诊。另外，自咬症可结合貉的应激性，观察其对外界刺激的反应，如反应过激或凶猛异常，则很有可能是自咬症的潜在者，也可以说该貉基本可被认定为有自咬症，进行早期诊断。另外本病的发生也有其自身规律，加以重视和掌握，可以为早期诊断提供帮助：①本病的发生与空气相对湿度成正比，降水量大的年份及一年内空气湿度大的月份较为多发；②本病的发生与年龄也有关系，即老貉基本不发病，幼龄兽发病率高，对本病有易感性；③本病的发病率公貉比母貉高，说明公貉比母貉易感。

防治措施

目前，尚无特异的治疗方法，常采用对症疗法。局部咬伤部位，可涂碘酊或撒布少量高锰酸钾粉。为防止继发细菌感染，可肌内注射青霉素和链霉素。加强饲养管理，保证饲料质量及各种营养物质的适宜搭配。防止饲料中维生素和无机盐的供给不足，保持饲料的新鲜、稳定。对病貉要隔离治疗，到打皮时，扑杀所有患过本病的病貉。对病貉、可疑貉住过的笼子要彻底消毒。

预防工作应着重以下几点：①经常性搞好貉场卫生消毒工作，用石灰水或来苏水等喷淋场地、笼具；②按成熟经验配制日粮，做到营养全价，各种元素及维生素投放量准确，同时保证饲料不过期不变质；③貉场应减少或杜绝外人参观、惊扰，保持环境安静，减轻或避免不当刺激对貉的影响；④严把选种关，对自咬貉及其亲代和同窝貉乃至有血缘关系的，一率淘汰不做种用；⑤病貉用过的笼舍用石灰水消毒，最好用火焚烧，貉尸及其垫草做无害化处理；⑥如条件允许应加大貉的笼舍，便于其运动。做到以上几点基本能预防本病的暴发，降低发病率，为治疗本病打下基础。

附表1 貂常用干粉饲料成分和营养价值表

原料名称	干物质（%）	粗蛋白（%）	粗脂肪（%）	灰分（%）	钙（%）	磷（%）	总能（kJ/kg）
膨化玉米1	91.47	9.59	1.57	1.36	0.24	0.29	2 474.65
膨化玉米2	95.13	9	1.54	1.31	2.78	0.05	
膨化玉米3	93.9	8.32	1.84	1.51	3.02	0.14	
膨化玉米4	91.68	9.05	1.84	2.3	0.25	0.27	
膨化玉米5	91.19	10.01	1.9	3.5	1.08	0.23	
膨化玉米6	92.59	8.77	1.96	1.73	0.13	0.22	
膨化大豆1	93.61	33.37	9.76	10.16	2.07	0.62	3 078.04
膨化大豆2	91.9	38.94	5.8	5.9	0.91	0.62	
豆粕粉	90.85	44.57	0.74	6.09	0.93	0.58	
豆粕1	89.26	45.86	1.24	6.46	1.08	0.68	2 705.2
豆粕2	90.28	47.55	0.57	6.07	1.82	0.8	
豆粕3	89.65	59.56	3.2	4.6	0.74	0.11	
膨化米糠	88.35	14.37	15.39	8.85	0.25	1.73	3 014.82
小麦粉	95.12	17.72	2.48	3.14	0.86	0.56	
麦麸	90.6	17.83	0.85	5.66	0.64	1.03	
花生饼	90.6	40.2	7.56	4.37	0.25	0.52	
膨化麦麸	94.2	15.92	1.93	3.86	0.39	1.16	
膨化小麦	93.6	11.31	1.56	2.28	0.56	1.01	
玉米胚芽粉	91.47	18.37	11.42	3.75	0.21	0.62	3 067.99
玉米胚芽粕	92.88	23.76	2	5.9	0.99	0.67	
玉米蛋白粉	90.63	59.99	5.4	1	0.81	1.25	
DDGS	89.99	29.6	13.36	4.59	0.05	0.69	3 236.56
肉粉	94.72	68.82	11.64	13.38	2.74	0.26	3 583.14
肉骨粉	94.28	51.54	8.5	31.7	8.34	3.49	
猪肉粉	91.32	80.72	11	12	3.52	1.21	

（续表）

原料名称	干物质 （%）	粗蛋白 （%）	粗脂肪 （%）	灰分 （%）	钙 （%）	磷 （%）	总能 （kJ/kg）
鸡肉粉	89.61	52.33	12	22.3	3.13	1.6	
鸡肠羽粉	92.4	52.28	16.42	8.58	4.02	0.2	
羽毛粉 1	92.75	87.82	5.71	3.24	0.66	0.16	3 643.75
羽毛粉 2	91.07	85.72	2.2	3.8	0.82	0.04	
味精蛋白	90.23	80.68	2.79	4.04	0.12	0.6	3 283.73
大豆蛋白	96.01	19.31	0.8	2.64	0.49	0.28	2 643.62
血粉 1	94.75	73.77	0.62	13.21	0.93	0.95	
血粉 2	86.17	85.29	0.42	8.89	1.65	0.26	2 959.06
海杂鱼干鱼	87.25	69.48	5.62	19.41	10.22	2.84	
秘鲁鱼粉	90.68	68.22	5.6	11.4	2.58	0.92	
猪油	99.56	1.35	94.19	—	—	—	

附表2　貉常用鲜饲料成分和营养价值表

名称	干物质 （%）DM	粗蛋白 （%）CP	粗脂肪 （%）CF	灰分 Ash	钙（%） Ca	磷（%） P	能量 （kJ/kg）
鸭架壳 1	34.04	39.91	47.31	12.38	7.43	1.97	
鸭架	36.39	37.06	38.72	12.35	2.7	2.01	
鸭架壳 2	45.56	25.4	63.03	8.01	4.04	1.31	
鸭肝	25.64	64.98	21.21	8.12	5.05	1.31	
大连海杂鱼	26.78	46.32	16.14	18.94	4.84	3.19	
鱼排	33.92	42.63	28.27	18.08	4.26	3.14	
鸡骨泥	33.39	38.09	21.99	26.42	6.85	4.21	
鸡骨架 1	38.7	28.94	35.59	13.09	3.11	2.21	
鸡骨架 2	45.86	31.43	55.03	7.54	5.47	1.32	
鸡骨架 3	38.49	14.71	16.21	1.6	0.79	4.29	

（续表）

名称	干物质（%）DM	粗蛋白（%）CP	粗脂肪（%）CF	灰分（%）Ash	钙（%）Ca	磷（%）P	能量（kJ/kg）
鸡骨架4	33.82	39.88	37.56	14.39	—	—	
鸭肝	30.92	52.32	27.56	7.52	0.25	0.64	
鸡肝1	39.21	41.26	24.81	8.62	5.41	1.64	
鸡肝2	28.53	54.99	20.66	5.49	0.2	0.91	
鸡肝3	32.32	64.17	15.58	6.19	0.25	1.03	
鸡肝4	35.78	57.76	15.5	4.51	0.19	0.89	
鸡肝5	29.01	16.09	8.3	0.21	0.28	1.33	
鸡肝6	24.56	60.25	22.3	7.12	0.51	0.88	
鸡肝7	23.17	54.78	23.76	8.96	1.47	1.15	
鸡蛋	18.15	7.42	4.24	2.21	0.1	5.42	
猪肝	35.78	57.76	15.5	4.51	0.19	0.89	
牛肝1	28.11	18.13	4.34	0.17	0.33	1.53	
牛肝2	26.49	53.46	11.8	7.25	0.61	1.1	
海杂鱼1	23.25	72.1	7.32	17.23	9.61	1.9	
海杂鱼2	24.69	68.34	9.61	16.86	9.52	1.86	
海杂鱼3	19.2	12.78	2.82	1.1	0.45	3.81	
海杂鱼4	23.8	63.07	16.72	16.6	4.1	2.25	
牛肉	28.82	19.62	9.29	0.2	0.17	0.88	
白条鸡	37.2	17.85	11.86	1	0.49	2.72	
胖头鱼（辽宁地区）	22.7	64.26	6.4	20.19	2.76	2.11	
黄花鱼（辽宁地区）	23.88	50.65	7.28	20.25	3.63	2.21	
白鲢	22.27	17.06	2.92	0.08	0.14	1.12	
鳑鲏	34.79	11.94	18.89	0.51	0.28	1.59	
鸡杂	33.13	14.03	15.17	0.23	0.15	1.99	

（续表）

名称	干物质 （%）DM	粗蛋白 （%）CP	粗脂肪 （%）CF	灰分 （%）Ash	钙（%） Ca	磷（%） P	能量 （kJ/kg）
黄花鱼1	29.15	18.41	5.42	1.76	0.82	5.05	
黄花鱼2	23.8	49.02	30.67	11.21	2.56	1.3	
刀鱼	23.88	67.48	15.36	7.16	—	—	
蓝眼毛	22.60	63.43	10.73	8.96	2.96	1.79	1 007.82
烂航	23.42	58.38	22.87	8.96	2.28	1.15	1 266.44
龙头鱼	12.33	61.62	17.03	8.96	1.91	1.18	619.61
马鲛鱼皮	20.79	47.07	34.79	8.96	1.45	1.08	1 248.10
青占鱼	26.84	51.23	22.27	8.96	1.49	1.42	1 415.39
大眼仔	28.24	52.84	28.98	12.19	3.08	1.73	1 629.07
黄尾鱼	25.26	63.68	15.12	15.34	3.44	1.92	1 267.83
黄闸	27.61	58.38	26.68	11.42	2.62	1.74	1 605.15
拉仔鱼	20.94	59.52	19.00	15.32	3.71	2.27	1 092.99
青鱼	32.77	42.51	40.78	9.15	2.92	1.45	2 095.01
亦鼻	25.80	60.00	18.17	17.00	5.00	2.02	1 325.86

参考文献

［1］佟�人，钱国成．中国毛皮兽饲养技术大全．北京：中国农业科技出版社，1990.

［2］张福云，毛国盛．貉狐饲养技术．北京：科学技术文献出版社，1988.

［3］华树芳，佟�人，籍玉林．貉的饲养．长春：吉林科学技术出版社，1987.

［4］杨嘉实．特产经济动物饲料配方．北京：中国农业出版社，1999.

［5］刘恕．毛皮兽养殖及兽皮加工技术．北京：中国盲文出版社，1999.

［6］李光玉，杨福合．狐、貉、貂养殖新技术．北京：中国农业科技出版社，2006.

［7］李光玉，杨福合．怎样办好家庭养貉场．北京：科学技术文献出版社，2008.